NASA的太空蜜蜂

50個開創歷史的人工智慧與機器人

羅布・沃（Rob Waugh）／著

周沛郁／譯

NASA的太空蜜蜂

50 個開創歷史的人工智慧與機器人

作　　者：羅布・沃（Rob Waugh）
翻　　譯：周沛郁
主　　編：黃正綱
資深編輯：魏靖儀
美術編輯：吳立新
行政編輯：吳怡慧

發行人：熊曉鴿
執行長：李永適
印務經理：蔡佩欣
圖書企畫：林祐世

出版者：大石國際文化有限公司
地址：新北市汐止區新台五路一段 97 號
　　　14 樓之 10
電話：（02）2697-1600
傳真：（02）8797-1736
印刷：博創印藝文化事業有限公司
2023 年（民 112）8 月初版
定價：新臺幣 380 元／港幣 127 元
本書正體中文版由 Elwin Street Production
Limited 授權大石國際文化有限公司出版
版權所有，翻印必究
ISBN：978-626-97199-7-6（平裝）
＊ 本書如有破損、缺頁、裝訂錯誤，
請寄回本公司更換
總代理：大和書報圖書股份有限公司
地址：新北市新莊區五工五路 2 號
電話：（02）8990-2588
傳真：（02）2299-7900

國家圖書館出版品預行編目（CIP）資料

NASA 的太空蜜蜂
50 個開創歷史的人工智慧與機器人
/ 羅布・沃著；周沛郁譯 . -- 初版 . -- 新北市：大石
國際文化有限公司，民 112.8
71 頁；15.2× 21 公分
譯自：NASA' s bees and 49 other inventions that
revolutionised Robotics & AI
ISBN 978-626-97199-7-6（平裝）

1.CST: 機器人 2.CST: 人工智慧 3.CST: 技術發展
4.CST: 歷史

448.992　　　　　　　　　　112011008

NASA的太空蜜蜂

50個開創歷史的人工智慧與機器人

羅布・沃（Rob Waugh）／著

周沛郁／譯

Boulder Media 大石文化

目錄

$q_1 S_0 S_1 R q_2;\ q_2 S_0 S_0 R q_3;\ q_3 S_0 S_2 R q_4;\ q_{} \ldots R q_1;.$

$q_1 S_0 S_1 R q_2; \quad q_2 S_0 S_0 R q_3;; \quad q_3 S_0 S_2 R q_4; \quad q_{} \quad R q_1;.$

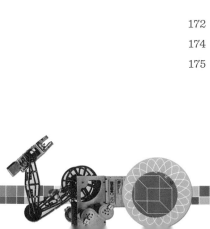

前言

過去這一年裡，由於Stable Diffusion、Dall-E和ChatGPT等「生成式AI」應用程式出現，創造出和真人作品像得詭異的文字與影像，人工智慧相關事物可說是瘋狂大爆發。數十億美元的資金被投入AI科技，注定要重新塑造一切，從我們跟電腦的互動方式到我們的職業。

我們身邊到處都是人工智慧（artificial intelligence，AI）。當你和手機上的語音助理說話，或使用「智能」恆溫器時，仰賴的就是AI。我們購買的產品在機器人負責的倉庫裡用機器般的效率整理。

從太空探索到手術，機器人已經準備接手對人類而言太危險、太困難的工作（同時把人類專家的觸手拓展到其他大陸，甚至進入太空）。

等到第一雙人類的靴子踏上火星表面時，有些成員恐怕不會是人類，而是機器人。

所以我們是怎麼走到今天的？本書探討機器人學與人工智慧的50個里程碑，從古人首度幻想出來的人造僕人，一直到塑造人類未來的劃時代機器。

也許最讓人意外的是，人類著迷於自動機和會思考的機器，其實超乎你想像的久。早在公元前4世紀，古希臘哲學家亞里斯多德就曾經想像，未來自動化的工具會接手人類的枯燥工作。古希臘科學家設計了形形色色的東西，從自動販賣機到可以斟酒的自動化「女僕」都有，以氣壓、傳動裝置與齒輪為動力。甚至還有一臺「自動機」以蒸汽驅動，比蒸汽重塑我們所知的世界還早了1500年。

這些突破似乎很多都不在我們所知的科技史之中。有一份中國古代的文獻記載了一個發明家向驚愕的國王展示一個古怪的自動化人形。9世紀的巴格達，三兄弟創作了一本古怪裝置與自動機的書，包括一個流水驅動的吹笛人，能吹奏預先編程的樂曲。

在能處理概念的機器出現之前幾百年，13世紀的神祕主義者拉蒙・盧爾（Ramon Llul）就設計了一種有旋轉紙盤的機器，目的是讓人改信基督教。如今盧爾被視為計算機科學的「先知」。15世紀的博學家李奧納多・達文西（Leonardo da Vinci）甚至跳了更大的一步，設計出一個會揮舞雙臂的機械騎士，還有一輛可能可以編程的「自動駕駛」馬車。

工業革命時，雅卡爾提花梭織機（Jacquard loom）這樣的機器為現代世界準備了舞臺：這種裝置使用的打孔卡啟發了計算機先驅查爾斯・巴貝奇（Charles Babbage），為20世紀的計算機操作鋪路。在1960年代，美國一年要用掉5000億張打孔卡。

近幾個世紀，機器人學和人工智慧雖然加速發展，許多先驅卻相對沒沒無名，例如尼可拉・特斯拉（Nikola Tesla）在1898年展示的搖控船（被認為太不可思議，有些觀察者認為機器中應該有隻猴子），以及1920年代上路、嚇得行人四處逃竄的第一批無人駕駛車（「幽靈車」〔phantom auto〕）。艾倫・圖靈在第二次世界大戰破解謎語（Enigma）密碼系統的成就現已廣為人知，但英吉利海峽對岸還有另一位電腦先驅，他辛苦研發的機器毀於同盟國的炸彈，直到柏林淪陷才為世人所知。

而機器人學和人工智慧最新的突破，讓我們得以一窺我們的未來。NASA的太空蜜蜂（Astrobee）是飄浮的方塊，靠著空氣噴嘴在國際太空站的微重力環境中「飛行」。當人類重返月球與進一步前往火星時，這樣的機器人會在人類探索下方地面時擔任太空船的「管照者」。

2016年，谷歌的AlphaGo在古老的桌遊中打敗最傑出的人類玩家之後，背後的團隊就開始研發系統，想發展出不知道規則也能在遊戲中勝出的系統。這樣產生的人工智慧系統，不必別人告知它該做什麼、該怎麼做，就能靠自己解決現實世界的問題。在我們生活的世界裡，科幻小說正在成真——而這本書裡的故事會告訴你，這一切是怎麼發生的。

第1章：夢想機器人
公元前322年－公元1700年

早在用金屬製造「生」物的科技出現之前，古人就夢想著「自動機」這種東西。希臘神話裡有高大的青銅人，還有因為諸神用魔法賦予生命而活過來的東西。

亞里斯多德等哲學家曾幻想過一個世界，靠活生生的工具來永遠廢除奴隸制度。氣體力學之類的技術開始為自動化機器打下基礎，做出了會像鳥一樣鳴叫、會斟酒的自動機。

公元1世紀之前，發明家就創造了蒸汽引擎和販賣機——還

有滿是自動機的戲院，用特殊效果讓諸神活靈活現。

　　不過，無生物在水、蒸汽和空氣的驅動下動起來的地方不是只有古希臘——巴格達有三兄弟創造了世上第一個可編程的裝置，而中國古代文獻也記載了一個能走動與說話的自動化人偶。

公元前**322**年

研究者：
亞里斯多德（Aristotle）

主題領域：
自動化僕人

結論：
想像出可以取代工人的自動工具

我們最早是何時開始夢想有機器人的？

亞里斯多德的早期樂觀主義

「Automaton」（自動機）這個字出自荷馬的《伊里亞德》，這部古希臘史詩以特洛伊戰爭為背景，一般認為寫於公元前8世紀。史詩中，鐵匠之神赫菲斯托斯（Hephaestus）有幾座神奇的機器替他工作，其中包括會自己動的鼓風爐、幾個金銀製成的人形僕役，和一對金銀守衛犬。不過這些僕人中，最有趣、最像機器人的是赫菲斯托斯的自動化三足裝置，詩中描述為「自動機」。

而希臘神話中也有其他的「人造人」，例如同樣由赫菲斯托斯所打造的巨人塔羅斯（Talos）。他是個巨大的金屬守衛，傑森和阿爾戈號水手拔掉了他腳跟上的一根巨大釘子，放光了塔羅斯青銅身軀中所有的「靈液」（ichor，諸神血管中流淌著類似血液的液體），令塔羅斯就此喪命。雷・哈利豪森（Ray Harryhausen）在1963年拍攝的好萊塢定格動畫經典《傑遜王子戰群妖》（Jason and the Argonauts）讓塔羅斯永垂不朽。不過荷馬的《伊里亞德》成書幾百年後，亞里斯多德才想到以自動化工具取代奴隸的概念，以及那樣的機器能如何融入社會。

亞里斯多德是哲學家與科學家，公元前384年左右出生於希臘，是哲學家柏拉圖的學生，後來成為亞歷山大大帝的教師。

科技帶來的解放

奴隸在古代希臘稀鬆平常，只要是富裕的家庭都至少有一個奴隸。因此，亞里斯多德是在一個充滿奴隸的世界裡想像他的自動化工具。他寫道：「如果所有的器械都能聽從指令或靠著聰明的推測完成自己的工作，如同戴達魯斯（Daedalus）的雕像或赫菲斯托斯做的三腳〔……〕那麼梭子就能自動織布，撥片也能自己彈奏豎琴。如此一來，主管就不需要下屬，而主人也不需要奴隸。」

這段文字有兩種解讀方式：一是亞里斯多德在描述一種荒唐的狀況，嘲弄社會會因此大亂。另一種解讀是，亞里斯多德在描述他相信會發生的情形，他希望有一天會出現那樣的科技，解放工人和奴隸。

不論如何，亞里斯多德認為一旦能夠自動化，奴隸就能自由，其實太樂觀了。例如在工業革命時，棉花常用於最早的工廠，因為機器處理棉花纖維的能力比處理羊毛更優秀。不過美國的棉花田裡，仍然是奴隸在採棉花。

亞里斯多德的時代過了1000多年之後，他認為機器會取代工人的想法成真了：當時出現了提花梭織機這樣的裝置，在19世紀大大加快了紡織的速度（見40頁）。

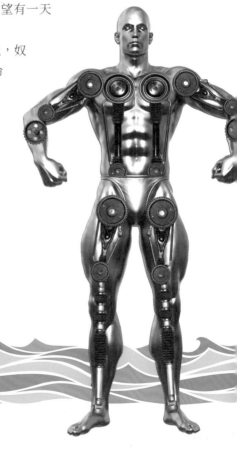

公元前**400-300**年

研究者：
亞歷山卓的希羅（Hero of
Alexandria）

主題領域：
自動機

結論：
希羅創造出自動化人物、一
間劇院，甚至蒸汽引擎

第一台能夠運作的自動機是什麼？

亞歷山卓的希羅如何創造出自動機

古希臘人對「自動機」的概念相當著迷，他們的神話中有鐵匠在火爐裡打造出來的青銅人。液壓、水力和蒸汽動力之類的科技出現之後，希臘科學家與作家得以用金屬和木頭創造出自己的「生」物，從自動化動物到貨真價實的蒸汽引擎都有。

那些機器是用傳動裝置和繩索的科技花招打造的，常常都是玩具，設計來娛樂用，或是創造神奇的效果。

到了公元前2世紀，拜占廷的斐羅（Philo）描寫了一些氣體動力裝置，包括會自動往杯子裡斟酒倒水人形「女僕」（古希臘與古羅馬人常把酒水混在一起喝）。

不過最多產的自動機創作者或許是亞歷山卓的希羅。希羅大約在公元70年過世，是極具影響力的數學家與幾何學家（有幾部作品流傳至今），但也寫過大量關於古怪玩具與自動化動物的設計。

鳴禽

機器本身沒留下，但希羅的設計與敘述顯然是實用且可以運作的：有個設計是一群機械鳥齊聲鳴唱，然後在一隻金屬貓頭鷹轉頭看它們的時候，一起安靜下來。這種液壓的自動機改造自斐羅先前的設計，用暗管和充滿水的虹吸管驅動，會轉動鳥兒腳下的管子。鳴叫聲是把空氣從幾個容器中擠過造成的，容器的底部有水。

希羅描述了大量類似的機器，包括一個劇場，上演的戲碼由自動機「演出」，而自動機是由砝碼、齒輪和（像沙漏那樣）流入容器中的沙子來驅動。劇場展示了各種令人眼花撩亂的特效，由連接到自動機角色的繩子驅動。其中有一場戲是點燃酒神戴歐尼索斯面前祭壇的火，然後戴歐尼索斯把酒倒在一隻豹身上，同時法杖流出乳汁。戴歐尼索斯的信眾隨著鼓聲起舞。自動機上連著長短不一的繩子，繩子繞在鼓上，拉動繩子時，不同的「角色」就會在不同的時候動起來。

　　希羅描寫某齣戲裡的角色——雅典娜：「一條繩子從她的臀部後方把她拉起來，讓她保持平衡。放開這條繩子後，另一條固定在她腰間的繩子會拉著她繞圈，直到她回到原位。」

空氣與蒸汽

酒與牛奶是靠著氣體動力學技術倒出來的，希羅在另一本書《氣體動力學》（*Pneumatica*）中探討過。流水和氣壓產生呼呼叫的貓頭鷹和自動化的神話英雄，許多都可以和觀眾互動。

　　希羅寫道：「一個基座上有棵小樹，樹上纏繞著一條蛇或龍。旁邊站著海克力斯，朝基座上的一顆蘋果射箭。只要有人把基座上的蘋果稍微拿起來一點點，海克力斯就會朝蛇放箭，蛇會發出嘶嘶聲。」

　　希羅的許多發明都是用在神殿內，創造「魔法」效果。例如有個裝置會在火焰點燃之後自動打開神殿的門，還有臺販賣機只要投入五德拉克馬（drachma）的硬幣就會流出水來。

　　希羅最超越時代的發明（而完全畫錯科技重點）或許是蒸汽驅動

的一顆滾球。希羅寫道：「把一個鍋爐放到火上，一顆球就會在支點上轉動。」

超過1500年之後，蒸汽動力才會革新歐洲和世界各地的工業，為輪轉印刷機等等發明打下基礎（見46頁）。

「臣之所造能倡者」

不過希羅這樣的發明家利用的科技，未必是絕無僅有。一份中國文獻記載，中國宮廷中的某個發明家可能展示了某種形式的自動機——甚至可能比希羅的發明還早。中國的《列子·湯問》中有段古怪的記載，寫到公元前4世紀，周穆王遇到一個自動化的人。「薦之，曰：『若與偕來者何人邪？』對曰：『臣之所造能倡者。』穆王驚視之，趣步俯仰，信人也。巧夫鎮其頤，則歌合律；捧其手，則舞應節。」（周穆王問：『跟你來的人是誰？』『是臣的作品，能歌擅舞。』周穆王驚訝地看著那個人形。它能快步走路，抬頭低頭，怎麼看都像活人。偃師碰碰它的下巴，它就唱出音律精準的歌，碰碰它的手，它就跳起舞，動作完全合拍。）

這故事顯然有虛構的成分（周穆王厭煩了製造自動機的偃師，偃師在周穆王面前拆解了機器人，展現出自動機在主人卸下內部器官時，如何逐一失去感官與能力），但卻令人好奇中國古代真正的自動機可能是什麼樣子。

一份公元前3世紀的文獻記載了為皇帝製作的機械樂隊。而到了唐代（公元7到10世紀），自動機在皇宮中變得很受歡迎，包括一隻會抓魚的水獺和一個化緣的僧侶。

中國和希臘的自動機，比18世紀歐洲的自動機和江戶時代機關人偶的流行早了超過1000年，卻展示了簡易版的自動化科技。這種科技在未來幾個世紀中，將用來做出自動化的鴨子和魔鬼。

機器能預測未來嗎？

安提基特拉儀（Antikythera mechanism）如何計算行星

公元前**100**年

研究者：
不詳

主題領域：
天文計算

結論：
希臘人用來預測日月食和其他事件的儀器

1900年，迪米特奧斯・康多士（Dimitrios Kontos）船長在希臘安提基特拉島海岸外的船上等待一場春季風暴結束時，派了一隊海綿潛水夫去探索海岸。潛水夫伊利亞斯・史塔迪亞提斯（Ilias Stadiatis）拿著一隻青銅雕像的手臂浮出水面，說下面還有更多。

他找到了公元前1世紀一艘商船的殘骸。打撈上來的寶財中，有一塊鈣化的東西，裡面滿是古老的齒輪。少有幾件古物像安提基特拉儀那麼神祕。過去120年間，那幾樣零件被緩慢地組裝起來。這神祕的發條裝置常被形容成「世界第一臺電腦」，現在才快要完全了解。研究者花了一段時間才意識到這是多麼大的發現。古代世界裡從來不曾出現這麼複雜的齒輪裝置，且之後也一直如此，直到人類在1000年後打造出最早的大教堂鐘。

安提基特拉儀研究計畫集合了各種研究團隊來研究這個裝置。他們說，機器原本遭到了忽視，因為擔心過度熱中的研究者誇大了機器的複雜程度。但事實卻恰恰相反。

發條裝置

這發現帶來了種種問題。為什麼從沒發現過類似的東西？這裝置究竟能做到多少事？研究者知道它的功能和天文有關，但花了幾十年才找出是什麼。

安提基特拉儀令各領域的研究者都深深著迷，從古典學者、天文學家到電腦科學家，還有幾位專家打造了這個不完整的裝置裡可能缺少的零件複製品，希望了解它是如何運作的。

透過X光，我們得知這臺機器擁有已知最早的科學刻度盤和30個齒輪，以青銅板製成，上面刻有希臘文，顯示它是某種天文曆。

遺失的中軸應該能轉動主要的大齒輪，每轉一圈相當於一個太陽年。一個大刻度盤顯示了太陽和月亮的位置，有顆球顯示月相。安提基特拉儀應該能讓古人預測日月食之類的天文事件。

碩果僅存

安提基特拉儀研究計畫表示，之所以沒有類似的裝置流傳至今，原因很簡單。當時青銅不但非常珍貴，而且容易回收，會用來鑄幣。因此大部分現存被發掘的青銅器都是在水下地點（例如船隻殘骸裡）找到的，那樣金屬才不會被人融化、鑄成其他東西。

研究者也認為，很可能有其他類似的機器——不只因為現存希臘作品中描述過其他複雜的機器，也因為這個裝置上沒有一邊打造一邊修改的痕跡，顯示製作者一定具有製作類似機器的經驗。

安提基特拉儀啟發了崇拜者製作自己的複製品，包括蘋果工程師安迪・卡羅（Andy　Carol）完全用樂高基木拼成的可用版本。卡羅的機器外觀不太像安提基特拉儀（這是因為樂高積木有它自身的限制），但他認為機器的功能非常類似。

卡羅說：「這是類比計算機，所以無法執行程式。安提基特拉儀和我的樂高版本，都只是基本的機械計算機——用某個速度轉動曲柄，所有齒輪會以另一個經過校正的速度轉動，得到某個特定的意義。以安提基特拉儀為例，就是預測天體的周期。」

重新打造機器

卡羅說，這裝置的類比計算能力，相當於第二次世界大戰戰艦上用來計算距離用的機器。也有其他人（包括倫敦自然博物館的麥克・萊特〔Michael Wright〕）打造了自己的安提基特拉儀複製品。2021年，倫敦大學學院（University College London，UCL）的一個團隊復刻了一個齒輪系統，首度讓裝置的門面動起來。之前在2005年的X光研究已經顯示，這個裝置可以預測日月食、計算月亮運行。

不過UCL團隊利用X光發現的銘刻重建天象儀，以珠子顯示星球在環帶上運行的情形。團隊用哲學家巴曼尼德（Parmenides）描述過的一種古希臘數學技術，算出安提基特拉儀的製作者如何精確展現金星462年的周期，以及土星442年的周期。

機械工程教授東尼・弗利斯（Tony Freeth）說：「我們的模型是第一個符合所有實際證據、和裝置本身裡銘刻的科學文字吻合的模型。太陽、月亮和行星展現了古希臘人的驚人才智。」

團隊現在想用當時工匠能取得的工具來重建安提基特拉儀。不過許多人——包括安提基特拉儀研究計畫成員——都認為這個裝置還蘊藏了許多尚待發掘的奧祕。

研究者：
穆薩‧賓‧沙基爾之子——
賈法‧穆罕默德、亞曼德與
海珊 (Jafar Muhammad, Ahmad and al-Hasan ibn Musa ibn Shakir)

主題領域：
自動機

結論：
超前幾個世紀，創造出可編程的吹笛者

機器人能奏出弦律嗎？

9世紀的巴格達如何產生電腦化音樂

公元9世紀，巴格達是世上最富裕的地方，哈里發統治的帝國比羅馬帝國巔峰時期還要遼闊，巴格達這座城市也成了地球上最大的科學中心。伊斯蘭科學家在醫藥、天文、化學和數學有了種種突破（「代數」的英文algebra正是來自阿拉伯文，「al-jabr」）。

那個地區當時的眾多進展也包括了自動機，預示了好幾個世紀後機器人的種種能力。巴格達的巴努‧穆薩（Banu Musa，穆薩兄弟）造出世上最早的可編程裝置——可以改變曲調和節奏的音樂播放器。其他地方在好幾個世紀之後，才發明出勉強能相比的東西。

哈里發的宮廷

穆薩兄弟是穆薩‧賓‧沙基爾（Musa ibn Shakir）之子。穆薩‧賓‧沙基爾原本是個強盜，後來改行當天文學家與工程師。穆薩兄弟和父親一樣，是哈里發宮廷裡的常客（也無法免於權力鬥爭）。穆薩兄弟被分別是賈法‧穆罕默德（Jafar Muhammad）——專長是幾何學和天文學、海珊（al-Hasan）——專長是幾何學，以及亞曼德（Ahmad）——主要處理力學。一般認為亞曼德是穆薩兄弟自動機背後的推手。穆薩兄弟寫過數學和天文學的書，且常常一起為作品簽名。

他們父親死後，哈里發瑪蒙（Al-Ma'mun）成為他們的保護者，他們從此晉升權貴。瑪蒙出資建造智慧宮（House of Wisdom，被形容成繼亞歷山卓城圖書館之後最包羅萬象的圖書館），也建造了天文觀測台。哈

里發招募穆薩兄弟到智慧宮，要他們完成一些任務，例如量測緯度——穆薩兄弟在沙漠中辦到了，而且精確度驚人。

科學史學家賈馬爾·達巴格（Jamal Al-Dabbagh）在《科學傳記辭典》（*Dictionary of Scientific Biography*）中寫道：「穆薩兄弟是最早研究希臘數學作品的阿拉伯科學家，為阿拉伯數學打下了基礎。他們或許算是希臘數學的門徒，但他們脫離了古典希臘數學，對於一些數學概念的發展非常重要。」

穆薩兄弟在量測面積和體積、觀察日月、量測一年的長度上都有突破。不過穆薩兄弟雖然撰寫了超過20本作品（其中有幾本流傳至今），但最著名的大概是他們的機械把戲。

別出心裁的裝置

穆薩兄弟最著名的作品是《巧妙裝置之書》（*Book of Ingenious Devices*），書中描述各式各樣有神奇能力的「戲法」罐子，例如倒進兩種液體不會混合在一起，還可以分別倒出來（罐中有隱藏的隔層）。

500年後，阿拉伯史學家伊本·赫勒敦（Ibn Khaldun）寫道：「有一本機械學之書，提到所有驚人、非凡出色的機械裝置。」

大部分的裝置都新奇的小玩意兒，不過書中的100件裝置之中也有些實用的東西，例如有一個蚌殼夾可以用來撿拾水裡的東西，有一個類似鼓風爐的裝置可以清除井裡汙

濁的空氣。

另一個神奇的發明可以倒出定量的水（類似公廁水箱儲水的運作方式）。有些裝置是古希臘作家筆下裝置的變化版，有些則是新創的。

讓音樂響起

不過穆薩兄弟發明的樂器裝置令人耳目一新，其中有個被認定為最早的編曲器（類似今日電子藝術家用的），以及最早可編程的機器。

這機器大約製作於公元875年左右，可以持續播放曲調，動力來自穩定的水流。裝置的外表製作成人類吹笛者，舞動手指吹奏管樂器。

穆薩兄弟寫道：「我們想解釋可以持續自己奏出任何曲調的樂器是怎麼製作的，而且想要的話還能改變曲調。」

其中有個暗格，用流水為笛子提供氣壓。這裝置並非絕無僅有——從前希臘和中國的自動機都曾演奏過管樂器。不過希臘和中國的自動機只會重複同一首曲子（很多甚至只是因為空氣被擠過管道而發出哨音）。

讓穆薩兄弟的發明更上一層樓的，是人偶的內部。內部有個音筒裝置，類似後來的音樂盒裝置，由流水推動。

重要的是，這個音筒可以更換、編程，穆薩兄弟因此能變更音樂的曲調和節奏。這裝置被稱為世上最早的可編程裝置，也是早年電腦的祖先。其實專家認為，直到20世紀，才出現足以媲美的音樂裝置——編曲器，用各式各樣的樂器彈奏音樂，就像穆薩兄弟吹笛者的手指。9世紀巴格達的吹笛自動機，被譽為整個電腦音樂領域的先驅。

我們的思想可以機械化嗎？

拉蒙‧盧爾的轉盤如何使思想自動化

公元**1200-1300**年

研究者：
拉蒙‧盧爾 (Ramon Llul)

主題領域：
自動思考

結論：
最早的「機械化」思考方式，
對後世科學家影響很大

13世的紀基督教神祕主義者和21世紀的電腦科學家之間有什麼共通點？如你所料，確實不多。但今日的許多電腦科學家都認為，1232年出生於馬約卡島、1315年死於突尼斯的小說家兼詩人拉蒙‧盧爾是他們靈感的來源。（據說盧爾是被他想勸說改信基督教的穆斯林用亂石打死的）。

30歲那年，據說正在編寫一首淫穢的情歌時，盧爾看見了一個神祕的異象——耶穌釘在十字架上。結果這成了一個轉捩點。從此之後，盧爾就獻身傳教，前往北非和其他地區，企圖讓當地人改信基督教。

盧爾以推廣加泰隆尼亞語和他對選舉的思想而出名，這些想法都超前時代好幾百年。說來奇妙，使他深受現代電腦科學家喜愛的文字作品，其實是設計來讓穆斯林改信基督教的邏輯工具。

會思考的機器

盧爾指出，透過公開辯論來讓穆斯林改信基督教的作法並不成功。他認為要讓人改信，就必須找出一種機制，能證明並產生關於上帝的真相。

盧爾用的是一種叫轉盤（volvelle）的機器——他在他的哲學著作《偉大、普遍而終極的藝術》（*Ars Magna Generalis Ultima*）中詳述了這種同心圓的紙製轉輪。轉盤並不是盧爾獨創的，但他運用這種紙機器的方式卻是絕無僅有。

盧爾的「思考機器」靈感應該是來自占星羅盤（zairja）這種天文裝置——這是阿拉伯天文學家用來啟發想法的裝置。

對盧爾來說，他的邏輯機器是用來把概念拆解成單元，讓概念的單元彼此隨機連結，轉動同心圓，得到那些論點所有可能的組合。外圈是神的九個名字，內圈則是神的特性。

研究者蘇珊·卡爾（Suzanne Karr）曾經撰寫一篇叫〈既神聖又褻瀆的構思〉（*Constructions Both Sacred and Profane*）的期刊文章，她寫道：「九個字母的三層組合，恰當使用時〔......〕能回答與世上萬物（甚至未來）有關的問題，以及為了平息宗教辯論而提出的疑問。」

盧爾轉動機器，就能產生隨機的關連鏈，能自動揭露神的所有面向。轉盤上，神的名字和不同面向都以字母代表，然後使用者就能讀出三個圓盤（由中央的一個梢釘固定）各個位置揭露的概念組合。

盧爾在先前版本的構思中提出使用樹狀圖，讀者可以畫出他們自己的想法。不過轉盤添加了一種自動化的要素，影響了後世的思想家。

編造念頭

用機器代表思想單元是革命性的概念。盧爾也做出一種稱為夜球（Night Sphere）的轉盤，在夜間利用星星的位置來計算時間（讓醫生可以在正確的時間施用藥物）。歐洲各地都用那樣的轉盤來計算日期和天文事件。

不過盧爾用轉盤來連結概念的想法，對打造現代電腦第一批原型的人——17世紀的日耳曼發明家與博學家哥特佛萊德·威廉·萊布尼茲（Gottfried Wilhelm Leibniz）——產生了強烈而直接的影響。

萊布尼茲年僅20歲就發表了學位論文〈論藝術的組合〉（*On the Combinatorial Art*），提出人類概念可以拆解成單元，並且用符號表示（他稱之為「人類思想的字母」）。

　　盧爾想做出可以回答任何問題、解決所有紛爭的邏輯計算機器（「理性的偉大裝置」）。

盧爾的構想成真

萊布尼茲說他的想法是盧爾的夢想成真。也是因為有這樣的認可，某些人把盧爾視為現代電腦科學的一個開山祖師。萊布尼茲寫道：「產生爭議的時候，不需要兩台計算機爭論，更不需要兩個哲學家爭論。他們只要拿起鉛筆，坐到算盤旁邊，跟對方（需要的話再請一個朋友來幫忙）說：『我們來計算吧！』」

　　萊布尼茲著名的呼籲「我們來計算吧！」（Calculemus!）樂觀地認為，未來機器能解決人類的問題。萊布尼茲希望那樣的機器能解決哲學或宗教問題，就像數學家解開數字問題一樣簡單精確──也希望那機器能成為「普遍的工具」。

　　萊布尼茲在1671年做出的計算機，能用齒輪來計算乘法。這裝置稱為步算器（Step Reckoner），靠著重覆加法來計算乘法。雖然步算器沒用到二進位，但萊布尼茲提暢二進位（現在幾乎所有電腦都用二進位），甚至想像有機器能用二進位來計算，而且用的是實體，不是真空管或電晶體。

　　拉蒙·盧爾的構想預示了在13世紀根本難以想像的科技。多虧了萊布尼茲，盧爾今日受到尊崇，被稱為「電腦科學的先知」，以及最先想像以機械（而非心智）方式做出邏輯推論的人類。

1495年

研究者：
李奧納多・達文西
（Leonardo Da Vinci）

主題領域：
自動機

結論：
創造出機械自動機（可能是
可編程裝置）

虛華的畫作，還是可行的科學？

達文西的自動機實驗

〈蒙娜麗莎〉畫家達文西超凡的創意頭腦也展現在幾千頁的筆記中，其中包括一些驚人的發明——從有翼的飛行裝到古怪的螺旋槳直升機。一般認為達文西的發明大多只是筆記本中的美麗圖畫，真正完成的相對不多。不過有些人相信，達文西可能確實打造過其中一個：他的機器人，也就是機械騎士。

多才多藝之人

達文西1452年出生於佛羅倫斯共和國（Republic of Florence），是貨真價實的博學家，最後以畫家、雕刻家、建築師和工程師的身分聞名——是終極的「多才多藝之人」。達文西是一名公證人的私生子，14歲輟學，成為佛羅倫斯傑出藝術家安德烈亞・德・委羅基奧（Andrea del Verrocchio）的學徒。達文西受了藝術訓練，但沒學過拉丁文，在學校也只學了一點數學。他後來的科學知識主要源於自己的觀察。達文西是優秀的製圖師，也研究人類生理學，將這些技術應用於機器構造。

達文西想出的許多機械發明顯然像是用來作戰的，例如潛水裝，目的是讓潛水者走到敵人船底下，在他們的船殼上打洞。另一個設計中畫著一輛武裝戰車，預示了四個世紀後在戰爭中的應用。而達文西的機械人外觀是重裝騎士，或許也是意料中的事。

1482年，達文西搬到米蘭，擔任盧多維科・斯福爾扎（Ludovico Sforza）大公的畫家兼工程師。大公委託達文西畫了〈最後晚餐〉。達文西在斯福爾扎的資助下設計

出他的「騎士」，這種機器用纜繩控制，會揮動手臂、開合嘴巴。它的外觀是個穿著盔甲的日爾曼騎士。但達文西究竟有沒有真的建造出他的機器人騎士，就比較不清楚了。

騎士移動

有個理論是，機器人騎士不只曾經建造出來，斯福爾扎還曾在一場展覽中展示過，可能是雕塑花園的一部分。機器人學家馬克・羅賽姆（Mark Rosheim）曾擔任NASA和航太製造商洛克希德・馬丁（Lockheed Martin）的設計師，是達文西素描的蒐集者。羅賽姆認為達文西不只打造了他的騎士，而且今日其實也能按照達文西的設計再次建造出騎士。羅賽姆在1990年代花了五年的時間，用達文西的精細人體圖，模仿人體的關節和肌肉，為NASA設計了一款「擬真機器人」（anthrobot）。羅賽姆說，達文西的畫是把肌肉想像成繩索，有助他打造出跟人體一樣的機器人形式。

羅塞姆也相信達文西的機器人完全可用。他說，機器人能「坐起來、揮手、用有彈性的脖子轉動頭部、開合解剖學上正確的下顎——可能發出聲音，伴隨著自動化的樂器，例如鼓。」2002年，羅賽姆接受BBC的挑戰，果然打造出可使用的「機器人」騎士模型，能活動手臂。

發條獅子

其他科學家也重新打造了達文西筆記本中的自動機。2009年，出生於威尼斯的設計師雷納托・博

阿雷托（Renato Boaretto）重現了獅子「機器人」。博阿雷托的發條獅子超過1公尺高、2公尺長，會張嘴、搖尾、走路、做出吼叫的動作。博阿雷托的作品是以三份達文西的發條獅子設計圖為基礎，據說達文西真的曾經做出並展示這樣的獅子。

博阿雷托也研究達文西的其他手稿（包括對時鐘的許多研究），以解讀獅子的可能運作方式——運用齒輪和滑車，並像發條玩具那樣，用鑰匙上發條。

羅賽姆認為，達文西的獅子那樣的小裝置，可能用於展示自動機，類似兩個世紀後雅克·沃康松（Jacques Vaucanson）的鴨子（見41頁）。

自動駕駛車

不過達文西的自動化實驗可能又更進一步。羅賽姆檢視了達文西另一台機器的圖畫——他的自動推進馬車。這種彈簧驅動的車輛被某些人稱為現代汽車的始祖。過去幾個世紀以來，許多專家試圖建造，但從來不曾成功。

羅賽姆倒是認為，有些機械在圖中並沒有畫出來，且這輛車應該是可以編程的，所以達文西的設計其實更有遠見。

機關人偶是
怎麼運作的？
機關人偶如何讓日本人學會喜愛機器人

1600年代

研究者：
竹田近江

主題領域：
發條人偶

結論：
日本人歡迎發條「機器人」
進入他們家中

面無表情的人偶用托盤端著一杯茶往前滾動。客人拿起茶杯，機器人就停下來，耐心等候。把空茶杯放回去時，機器人就會點著頭，禮貌地緩緩離開。

奉茶童子是日本獨特的發明——是機關人偶的一種形式。舞台和日本的富裕家庭使用這些機器，已有數百年的歷史。

這些機關人偶可以追溯到日本江戶時代（1603-1868年）。當時日本工匠剛剛開始利用西方的時鐘製作技術製作栩栩如生的奇妙人偶，一開始是為了戲台。數百年來，機關人偶大受歡迎，這或許可以解釋日本人為何一直很愛機器人。機器人先驅山海嘉之等人說過，日本人對機器人的看法比西方人更樂觀（見79頁），而且許多消費性機器人技術的創新（例如會走路的艾西莫和機器狗愛寶〔Aibo〕），都出自日本公司。

《日本的遊興》（*Japan at Play*）這本書介紹了日本的歷史與文化。人類學家韓德瑞（Joy Hendry）寫道：「自動人形是機器人的一種雛形（……）在如今工業化的日本十分盛行。我們可以說，日本藉著機關人偶，學會了馴服機器。」

滴答走起
機關人偶的歷史始於日本最早的鐘——16世紀由

耶穌會傳教士方濟・沙勿略（Francis Xavier）獻給大內義隆（周防國的諸侯）。當地的工匠學得很快，拆解了發條技術，創造了自己的用途。

竹田近江是大阪當地商人，也是劇院經理，他用發條和其他巧思（例如塞子和傳動裝置），讓人偶動起來，在大阪道頓堀娛樂區的一座台上表演。人偶身上的裝置由運河裡的水驅動，非寫實的角色會在高空鞦韆上倒立。

作家井原西鶴激動地寫道，竹田「用一個大彈簧做出齒輪的機械人偶，能朝任何方向移動。人偶拿著一個茶杯。眼睛、嘴巴和腳的動態以及伸出手臂和鞠躬的動作都唯妙唯肖。」人偶成了大阪的名勝，機關人偶的事業在竹田家流傳下來。人都說：「如果沒看過竹田機關人偶，就不算來過大阪。」

東與西

1741年，竹田的劇團走訪江戶，並於1757年再度前往。第一場表演名為《母親子宮內的十月》，主角是三個月大的嬰兒人偶，在台上吹笛、大便——和雅克・沃康松的大便鴨子沒有太大不同，沃康松的鴨子在18世紀的法國吸引了觀眾付錢觀賞（見41頁）。竹田舞台表演中的其他人偶描繪了神祇、惡魔和骷髏。機關人偶的動作據說影響了日本真人演員在傳統劇院裡非寫實的動作方式。

但人偶不僅限於舞台上。其他更大的機關人偶會在宗教慶典中站在花車上遊街。座敷（房間）人偶是設計給有錢人娛樂賓客用的，被諸侯和其他顯貴當成宴會的噱頭。

其中最受歡迎的是「奉茶童子」（茶運び人形），用

發條和隱藏的齒輪把茶水端給客人，再回到主人身邊。熱門的花招是指定人偶移動多少距離，再「奉茶」給客人。機關人偶內部的齒輪常是工匠用木頭手工製成，人偶內部的彈簧傳統是以鯨鬚製成——有些鯨魚用這種長滿硬毛的梳狀構造來過濾口中的食物。純粹主義者聲稱，現代用金屬或塑膠製作的彈簧，無法重現傳統機關人偶的巧妙動作。

栩栩如生

機關人偶的製作者和日本今日的高科技工業之間有著直接的關連（日本成為最熱中採用Unimate這款工業機器人的國家之一，見96頁）。

田中久重青少年時期就是機關人偶的著名製作者（包括會射箭和會寫信的人偶），之後發明的無盡燈等科技創新為他贏得了「日本愛迪生」的頭銜。田中創立的製造所是日本東芝公司的前身。

田中重久出生於1799年，用液壓、重力和氣壓打造了機械版的機關人偶——其中的弓曳童子（射箭小童）用上了發條裝置、13條線與控制杆，以及12個可動部分，會撿起四枝箭，射向一個——因為「編程」的緣故，他一定會有一枝箭射偏。田中帶著他的人偶在日本遊歷，自己成了名人，之後搬去東京，為政府發展出一套電報系統。

今日，機關人偶會在展覽中展出，或展示給遊客看。日本文化則對機器人的接受度特別高，有機器人接待員、在安養院工作的機器人，還有開拓性的機器人科技公司，像是Cyberdyne（見145頁）。日本政府重金投資機器人學。《日本時報》最近表示，日本老化的人口需要的是勞力「自動化，而不是移民」。

第2章：工業革命與自動化
1701-1899年

工業革命展開，預示了人的思維與第一波「自動化」機器都綻放了創新的花朵。從最早有可動部位的農業設備，到圖樣精緻宛如畫作的織布機，機器變得「可編程」了——新發明（例如提花梭織機，用電腦式打孔卡來控制）變得十分寶貴，拿破崙甚至禁止法國出口。

　　其他有遠見的人士（例如湯馬斯‧貝葉斯）以機率的概念
建立了資料科學的基礎，這將會在一個多世紀後的機器人學
領域變得十分重要。在此同時，發明家查爾斯‧巴貝奇幻想
了兩台他始終未能打造的計算機，而他的合作夥伴愛達‧勒
芙蕾絲（Ada Lovelace）將會為他這台還不存在的機器寫下最
早的電腦程式。

1701年

研究者：
傑叟羅·托爾（Jethro Tull）

主題領域：
農業自動化

結論：
打造了第一台有可動部件的
農用機器

如何讓播種
更有效率？

傑叟羅·托爾的播種機如何開創新格局

在現代人眼中，18世紀馬拉的播種機並不像為自動化時代點燃第一絲火花的裝置。但這種播種的裝置最先是在英國柏克郡亨格福德（Hungerford）附近的一座農場試用，之後將永遠改變農業。播種機也為了可以接受指令的機器奠定基礎。

當地農人傑叟羅·托爾更被稱為農業史上「最偉大的改良者」，他的發明為工業革命的其他創新開拓了一條路。

托爾的播種機是最早有可動部件的農用機器，既提高效率，又節省人力。不過托爾也提倡了一些非常古怪的農業概念，他的發明遇到了不小的阻力（後世有些史學家將他形容成「怪咖」）。

管風琴之夢

托爾生於1674年，學過管風琴，受過律師訓練，後來回到家族的農場。農場效率低落，托爾挫折不已，於是發明播種機來節省人力。在托爾發明他的機器之前，種子都是用手撒在犁溝裡，造成大量浪費。

托爾指示他的工人用密度低而精準的方式播種，但他們不肯學習新的做事方式。約翰·唐納森（John Donaldson）在他1854年的《農業傳記》（*Agricultural Biography*）中寫道，托爾「經歷了所有新嘗試都會遇到的困難......舊工具難用又不合宜；工人尷尬又不情願。」

到了1701年，托爾對他的工人死了心，只好發明一台機器來播種。托爾看過一台解體的管風琴，受到啟發。他的播種機是一截會轉動的圓柱體，引導種子從種子

箱掉到漏斗，直直落入前面的犁犁出的溝裡。機器經過時，耙會自動在種子上覆土。

托爾的發明起初是一人操作的裝置，可以一次播一道種子，不過托爾又升級他的發明，讓馬匹拉著播種機，一次播下整齊的三排。托爾寫道：「播種時，種子全都在同樣恰好的深度播下，沒有哪個比較深或比較淺。不會不小心埋起來，或沒覆土，所以不用補植。」

富足的時光

這項發明最多節省了三分之一的種子，讓托爾的「富足農場」收益更高，不過唐納森寫道，工人不願用這種新技術，他說工人「為了繼續用從前的方法偷懶，會弄壞新的工具」。

托爾的另一項發明——機械式的馬拉耕耘鋤——能協助清除一排排作物之間的雜草，進一步提升農地的效率。

在法國和義大利旅行時，托爾對葡萄園的栽培方式印

象深刻。一排排葡萄藤之間的土壤都被翻起，讓葡萄藤更容易取得水分，也減少施肥的需求。

古怪的想法

托爾受到啟發，在1731年出版了《馬耕農事學：或論種植與耕作原則，為引入新的耕種方法而設計》（*Horse-hoeing Husbandry Or, An Essay on the Principles of Vegetation and Tillage.Designed to Introduce a New Method of Culture*）。他的構想遇到不小的阻力，何況他連實用的主意（例如他的播種機）也有大錯特錯的概念，例如土壤本身對植物就夠營養了，完全不需要肥料。托爾相信土壤只要翻得夠，就能「餵養」植物。他錯得離譜。

他寫道：「各種糞便和肥料之中都有某種物質，和土壤混合之後，就在其中發酵；那樣的發酵會讓土壤溶解、粉碎、分裂土壤。這是糞肥主要、幾乎是唯一的用處......」托爾全書都執迷不悟地堅持肥料是不必要的，翻土已經足夠。

托爾在1741年過世。他的想法不論優劣，在他在世時都不曾廣受接納。托爾的播種機對19世紀的大部分農民來說都太昂貴，但20世紀有其他人加以改良。19世紀，詹姆士・史密斯（James Smyth）和他兒子推廣了托爾的發明，他們用新的鑄造技術，產生更便宜、更有效的托爾播種機，之後外銷到全歐洲。

托爾對農業的「科學」方法也產生了廣泛的影響。唐納森寫道：「就算不是英國農業界最引以為傲的最大恩人，托爾也會永遠以偉大傑出人士的身分留名後世。托爾示範了受過教育的人把注意力放在培育土壤上，能帶來多大的益處。」

接下來會怎樣？

貝葉斯的定理如何讓我們預測未來

1763年

研究者：
湯馬斯・貝葉斯 (Thomas Bayes)

主題領域：
機率

結論：
貝葉斯的定理讓我們得以根據發生過的事情來預測結果

我們如何推想出接下來可能發生什麼事？說來奇妙，18世紀一名神職人員對於上帝是否存在、相信奇蹟（例如耶穌復活）合不合理的辯證，塑造了我們今日思考機率的方式。

湯馬斯・貝葉斯的想法稱為貝葉斯定理，讓人根據先前的資料來預測結果，而且適用於所有事情，包括機器學習和Covid-19檢測。這概念很有力，例如可以考量到有時不精確的檢測，或不可靠的目擊者，然後根據所有變數，得到一個機率。

這個定理是簡單的計算方式，以某件事在先前的試驗中發生的頻率，推測未來試驗中發生的頻率。這種方法廣泛應用在金融業和研發新藥，在人工智慧領域也愈來愈重要。

貝葉斯是數學家兼長老教會牧師與神學家，1702年出生於倫敦。他在世時研究微積分，是皇家學會的成員。

不過貝葉斯最著名的作品——〈論解決機會原則的一個難題〉（*Essay Towards Solving a Problem in the Doctrine of Chances*）在他死後才由他朋友——威爾斯哲學家兼數學家理查・普萊斯（Richard Price）——在1763年發表。普萊斯發表這項成果的動機，多少是為了證明上帝存在。

哲學家大衛・休謨（David Hume）在他1748年的論文〈論神

$$P(A|B) = \frac{P(B|A)P(A)}{P(B)}$$

蹟〉（*Of Miracles*）中寫過，單單觀察到奇蹟，不足以證明奇蹟發生過。

休謨寫道：「不論怎樣的證詞，都不足以讓奇蹟成立，除非這證詞為假的情況，比證詞為真的情況更不可思議」。

休謨的論文一般被認為是在抨擊宗教信仰，因此普萊斯決心用貝葉斯的數學加以駁斥。

計算上帝

在普萊斯為貝葉斯的論文寫的前言中，他選擇了漲潮的例子：漲潮在一天的同一時間發生，已經被觀察了上百萬次。普萊斯用貝葉斯定理，計算出某一日不發生漲潮的機率並不是100萬分之一（應該可想而知），大約有百分之50的可能性，這機率會小到60萬分之一。

普萊斯寫道：「普遍來說，如果一個人不管讀到或聽到什麼事實他都排斥，那這個人會給人怎樣的觀感？他要多久才會被迫認清自己有多愚蠢？」

在復活的脈絡中，普萊斯的觀點（採用貝葉斯的概念）是有彼此獨立的目擊者多次敘述，因而改變了機率。

統計學家兼史學家史蒂芬・史蒂格勒（Stephen Stigler）寫道：「休謨低估了一個奇蹟有一些獨立目擊者的影響，而貝葉斯的結果顯示，即使不可靠的證據，倍增之後也能壓過一件事非常不可能的機率，使那件事被認定為事實。」

計算機率

貝葉斯的定理寫成這樣：

$$P(A \mid B) = \frac{P(B \mid A) \, P(A)}{P(B)}$$

$P(A \mid B)$ 是B為真的情況下，A發生的機率

$P(B \mid A)$ 是A為真的情況下，B發生的機率

P (A) 和 P (B)是A和B發生的機率

　　舉例來說，如果你從一套52張牌裡抽了一張牌，那張牌是國王的機率是52分之四，也就是7.69%，或13分之一。但如果有人看了那張牌，發現那是人頭牌，我們就能利用公式來計算，因為我們知道國王屬於人頭的機率是1/1。一副牌中有12張人頭，所以知道那張牌是人頭的情況下，那張是國王的機率是33%。

貝葉斯與Covid-19

貝葉斯的定理廣泛應用於處理新冠肺炎大流行——解釋了一些側流檢測（lateral flow test）中比較違反直覺的結果（側流檢測用於工作場所和學校，是相對不精準的快速檢驗）。側流檢測時，沒受感染卻得到偽陽性結果的可能性，大約是千分之一。

　　不過當人口中的感染率低時，陽性結果中應該是偽陽性的數量會相對較高（所以常常需要做比較精準的PCR檢驗，來認側流檢測的結果）。這結果違反直覺，而貝葉斯的定理有助於解釋為什麼會這樣。貝葉斯的想法對疫苗試驗也至關重要。

　　今日，貝葉斯的定理對機器人學家和人工智慧不可或缺，讓科學家得以根據新證據，評估某件事為真的機率。貝葉斯定理被形容為「資料科學最重要的公式」，協助科學家做到各式各樣的事，包括改善行動電話訊號、過濾垃圾電子郵件、預測天氣。在機器人學中，貝葉斯定理是利用機器人已經執行的步驟，計算機器人下一步的機率。

　　貝葉斯有生之年從未因為他的定理成名，不過貝葉斯的觀念在21世紀前所未有地受歡迎。倫敦商學院原來以約翰・卡斯（John Cass）爵士為名，但在2020年發現約翰・卡斯爵士涉及奴隸貿易有之後，就改名為貝葉斯商學院（Bayes Business School）。

1804年

研究者：
約瑟夫・馬利・查爾斯，人
稱雅卡爾（Joseph Marie
Charles, aka. Jacquard）

主題領域：
自動化

結論：
雅卡爾的打孔卡永遠改變了
紡織，也啟發了早期的電腦

機器能服從命令嗎？

可編程機器的開端

在他的一場派對上，電腦先驅查爾斯・巴貝奇向威靈頓公爵和維多利女王的夫婿亞伯特親王展示了他牆上的一幅畫作。公爵問：約瑟夫・馬利・查爾斯（為了和同一家族的其他分枝區別，人稱他為雅卡爾）的精緻畫像是不是版畫？亞伯特親王看過這張畫先前的版本，答道：「這不是版畫。」

那張畫像是織成的，目的是展現雅卡爾發明的自動化梭織機有什麼能耐。巴貝奇寫道：這是「一幅織錦畫，錶框裝了玻璃，像極了版畫，有兩位皇家學院的成員都有過這樣的誤會」。

這幅畫像織了2萬4000行，每一行都用提花梭織機的打孔卡精準控制。原畫是雅卡爾擁有的一幅畫，是里昂畫家克勞德・博內豐（Claude Bonnefond）之作。而織錦畫經過設計，以展示這機器（可編程梭織機）前所未有的準確度。

巴貝奇之後繼續在他的分析機（Analytic Engine）上使用類似的打孔卡，比今日的數位電腦早了超過一個世紀（見43頁）。

為圖案編程

約瑟夫・馬利・查爾斯生於1752年，是紡織工之子，經歷過破產和法國大革命，在大革命中為了保衛他的家鄉里昂而戰。

雅卡爾提花梭織機問世之前，就算是經驗最豐富的二人織布工團隊，一天也只能生產一吋的精製布料。織布工必須一一手動調整提花織機的2000條紗線（這個設計從公元2世紀起幾乎不曾變更），一名織布工和一名

「提紗童」合作，提紗童坐在織布機裡，按織布工的指示來調整紗線。就算是經驗最老到的團隊，每分鐘也無法織到兩行以上。雅卡爾的發明，將會重塑全球的紡織工業。

消化鴨

雅卡爾並不是第一個試圖做出自動化梭織機的人。雅克·沃康松1741年被任命為法國絲織工廠的監工，他發明了自動化梭織機，指令「儲存」在金屬筒上，很像今日音樂盒裡的那種。

沃康松對自動機也有一定的貢獻。18世紀，自動機在法國流行了起來，法國思想家伏泰爾（Voltaire）對沃康松的描述很有名，說他「堪稱普羅米修斯」、「尋求賦予生命時，似乎盜了天火」。

最活靈活現的是，沃康松自己做出了機器鴨，可以呱呱叫、拍翅膀，會吃——也會拉。機器鴨有個預先裝好的廢料槽，會在鴨子吃東西時灑出。發明家在1738年巴黎的一間禮堂展示了他的消化鴨，以及兩個吹笛與吹管風琴的人形機器。可惜一般認為沃康松的梭織機不如他的鴨子成功。金屬筒造價太高昂，因此無疾而終。

心滿意足

不過雅卡爾的梭織機不同：它用一組打孔卡和鉤子控制，卡上打的每一行小孔都能對應到一行紗線。鉤子帶著線穿過小孔，織出圖樣。複雜的圖樣需要用上一疊打

孔卡。

雅卡爾的發明過程很慢，1800年為一台梭織機申請了專利，名為「為了生產花紋織物時取代提紗童而設計的機器」。1804年，提花梭織機引起了拿破崙的注意，除了給予雅卡爾終生奉，每賣出一台梭織機還會給他一筆錢。

也有傳聞說，大約就在這時，憤怒的紡織工因為擔心失去生計而把雅卡爾丟進了河裡——不過雅卡爾的傳記作家佛提斯伯爵（The Count of Fortis）充滿溢美之詞的敘述如果是真的，那種事就不太可能發生：「雅卡爾和工人相處時最為自在。他最喜歡和他們在一起，而想知道他真正的樣子，就一定要看過他穿著一般的衣服在紡織工作室指示紡織工如何善用梭織機。」

雅卡爾的梭織機成了拿破崙和英國工業競爭的中心，因此禁止出口到英國。有些自然被走私出法國（其中有一台是裝在一桶水果裡），形成了世界各地絲織工業的基礎。

雅卡爾的打孔卡影響力遠遠不止於此。19世紀末，美國人赫爾曼·何樂禮（Herman Hollerith）開始把打孔卡用在他記錄普查資料的「列表機」上。何樂禮的公司最終（經過一系列合併之後）成為IBM這家電腦巨頭，而打孔卡也成了最早的IBM電腦儲存與整理資料的主要媒介。

到了1960年代末，美國人每年都會用掉5000億張打孔卡，相當於40萬公噸的紙。即使到了1990年代末，某些公司在處理薪資資料之類的東西時，仍會使用雅卡爾發明的衍生物——打孔卡。

數學如何發現自己的引擎?

巴貝奇、勒芙蕾絲與計算機器

1832年

研究者:
查爾斯·巴貝奇與愛達·勒芙蕾絲 (Charles Babbage & Ada Lovelace)

主題領域:
機器計算

結論:
設計出(但從來沒造出)像現代電腦的裝置

數學家查爾斯·巴貝奇和愛達·勒芙蕾絲以兩樣裝置——差分機和分析機——聞名。普遍認為那是今日地球上所有電腦的始祖,但這兩樣裝置在他們有生之年都不曾完整建造出來。

巴貝奇只完成了差分機的一些小構造,1832年做出了他計算裝置的一個「美麗片段」,然後就遇上了金融危機。

但今日看來,巴貝奇和他的合作伙伴愛達·勒芙蕾絲(詩人拜倫勳爵與數學家拜倫夫人之女)顯然極有遠見。他們透過演算法,找出利用這台機器計算白努利數(Bernoulli number,一種數學數列)的方法。這普遍被視為最早的電腦程式。

利用蒸汽計算

起先,巴貝奇把焦點放在可以做數學計算的機器。巴貝奇出生於1791年,是銀行家之子,在劍橋教數學,後來深深影響了英國科學發展。1821年,巴貝奇和他的天文學家朋友約翰·赫謝爾(John Herschel)一同檢視手寫的數學表格時不斷發現錯誤,挫折不已。巴貝奇事後寫道:「我們開始了乏味的核對過程。一陣子之後,出現許多矛盾,最後這些歧異太多了,所以我嚷道:『神啊,要是這些計算都能用蒸汽來執行就好了!』」

巴貝奇設計他的差分機時,用的不是蒸汽動力而是發條,並且用上黃銅齒輪、杆子、小齒輪和棘輪。機器裡,數字是由十齒的金屬輪位置來表現。

這台機器的設計是要自動計算數學函數——多項式,

並加以列表。巴貝奇和工具製造師兼製圖師約瑟夫・克萊門特（Joseph Clement）合作，打造出這台大型機器，有一個房間那麼大，預計重達4公噸。齒輪從9轉到0的時候，會使下一個齒輪帶著數字往前挪一格。這機器和現代的電腦一樣有儲存空間，能保留資訊，之後再處理。但為了把工作室搬去巴貝奇家的搬遷費用，克萊門特和巴貝奇起了爭執，之後進度就停滯了。差分機由政府部分贊助，當時財政部已經花了1萬7500英鎊在差分機上。後來贊助就被取消了。

打孔卡立大功

巴貝奇晚年計畫了更野心勃勃的機器——分析機，靠打孔卡控制，和今日的電腦有許多相似之處。分析機有記憶體（「儲存」）和中央處理器（「運算室」），以及輸入與輸出資料的方法。

巴貝奇說：「分析機一旦造出來，絕對會主導未來的科學發展。只要由分析機協助尋求解答，接著就會浮現問題——怎樣的計算流程能讓機器用最短的時間得到答案？」

數學家同僚愛達・勒芙蕾絲寫道：分析機「織出代數的圖樣，正如提花梭織機織出葉與花」。勒芙蕾絲也翻譯了路易吉・梅納布雷（Luigi Menabrea）對巴貝奇之作的法文敘述，在最終版裡，她自己的附錄和注釋占了將近三分之二的篇幅。1843年，愛達・勒芙蕾絲以縮寫A・A・L在泰勒的《科學回憶錄》（Scientific Memoirs）發表了她的成果，結尾解釋了如何以巴貝奇的引擎計算白努利數。勒芙蕾絲詳細解釋了裝置的各部分如何達成目標，說這「證明了引擎的能力」。

勒芙蕾絲也預想了電腦程式迴圈的概念（程式重複某個動作，直到達到某種條件），勒芙蕾絲將之比喻為

「唧尾蛇」，並且想像未來巴貝奇的機器能作曲
——這在今日已經成真，作曲家能用軟體產生音
樂，包括大衛・考普（David Cope）模仿莫札特風格
之作。

「沉默見證人看著希望破滅」

巴貝奇一生發明了許多東西，包括火車排障器（安
裝於火車頭前方的犁狀裝置，能排除障礙物）。他
也是最早發現可以用樹木年輪來「解讀」過去天氣
模式的人。巴貝奇也堅定地認為，新的發明應該要
讓民眾免費取用。1847年，巴貝奇打造出第一台眼底
鏡時，他拒絕申請專利。幾年後，自然是被別人給
申請了。

現代專家通常會指出，巴貝奇之所以從未做出他
的任何計算機器，是因為不夠專注，只要冒出新的
想法，就會追著那念頭跑，忘了原本該做的事。也
有人認為，巴貝奇能取得的材料受限，因此很難做
出他的機器。差分機的「美麗片段」確實體現了精
密工程的一個躍進。

巴貝奇在《泰晤士報》的訃文顯然帶有戲謔的味
道：「巴貝奇先生才剛剛像個老實人一樣，向政府
然後向部長傳達了〔需要更多錢的〕實際狀況，財
政部長羅伯特・皮爾（Robert Peel）爵士和H・古爾
本（H. Goulburn）先生就緊張了起來，擔心未來還
會有無窮無盡的開銷，因此決定中止這個計畫。」
訃文接著描述了巴貝奇裝置的幾百頁設計圖以及巴
貝奇成功打造的機器小構造如何被拿出來展示。

100多年後，倫敦科學博物館的專家建造了實際的
差分機，用的正是巴貝奇構想中的科技。那座重達5
噸的機械機器正如巴貝奇所形容的那樣，運轉得很
完美。

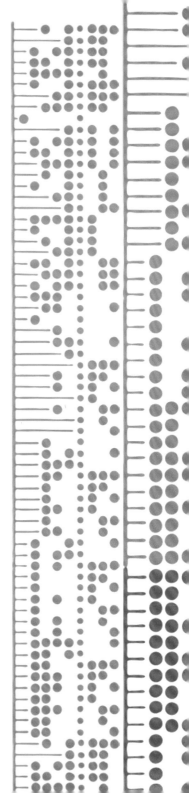

1871年

研究者：
理察・馬奇・霍伊 (Richard March Hoe)

主題領域：
自動化

結論：
自動化為現代報紙時代打下了基礎

機械化如何改變出版這一行？

霍伊的閃電印刷機

19世紀初，印刷基本上仍然和1440年發明古騰堡印刷機時一樣，是把字母排進印刷盤裡，塗上油墨，壓上紙張。

約翰尼斯・古騰堡（Johannes Gutenberg）的發明引發了出版革命。印刷機一天能印出3600頁，截至16世紀，共印出了2億本書。

古騰堡印刷機催化了最早的「資訊年代」——文藝復興時期。不過一項以速度和自動化為核心的新科技將會大量提高英國和美國的報紙讀者群，為現代世界準備舞台。美國的印刷先驅理察・馬奇・霍伊是這挑戰的樑柱，他做的一台機器（「完美輪轉印刷機」）加快了印刷報紙的速度，可以一下子滿足數百萬人。

輪轉印刷機

改變從改用輪轉印刷機開始。打先鋒的是英國的報紙（例如《泰晤士報》），並以佛里德里希・柯尼希（Friedrich Koenig）和安德列亞・鮑爾（Andreas Bauer）設計的機器為基礎。當《泰晤士報》的老闆約翰・華特（John Walter）於1814年第一次使用蒸汽驅動的佛里德里希・柯尼希滾筒印刷機時，他瞞著員工，因為擔心會重演紡織業盧德主義者（Luddite）砸機器的情形——當時激進分子怕丟了工作，所以攻擊工廠、砸壞機器。

1812年，英國國會把破壞機器的罪定為死刑。當時的工廠老闆也紛紛設了祕密避難室，就算不滿的工人攻擊工廠，也能保障安全。

為了避免那樣的攻擊，華特告訴員工他為了大新聞而暫緩印報，自己暗中印製了整批報紙。被新科技取代的員工可以繼續領全薪，直到找到新工作為止。

　　隔天的報紙自豪地宣布：「這篇文章的讀者手上拿著的是幾千份《泰晤士報》中的一份，那些都是昨晚由一台機械印成的。現在已經發明並設置了一個近乎有機的機器系統，減輕了印刷過程中人體最辛苦的勞動，而且速度和發報量上，遠遠超過所有人類能力所及。」

　　幾天後，柯尼希本人在《泰晤士報》寫出他的新機器如何能每小時印出800頁，而雖然之前有人投資了「幾千英鎊」去嘗試都血本無歸，他的機器卻成功了。

快如閃電

美國採用這種機器的腳步較慢，不過很快就會在發展快速而持續自動化的印刷業界一馬當先。理察・馬奇・霍伊出生於1812年，繼承父親的印刷事業，以父親的創新為基礎，自己改進了轉輪印刷機，那機器後來革新了整個報業。

　　霍伊的閃電印刷機在1847年申請到專利，是在滾筒上排字，周圍有四組鐵製滾筒分別帶動紙張，提高了速度。這樣的設計讓印刷機可以每小時印出幾千張紙，若加上更多滾筒，就能做出更快的機器。

19世紀作家詹姆斯·麥凱布（James McCabe）在《萬貫家財與如何致富》（*Great Fortunes and How They Were Made*）中寫道：「十滾筒印刷機要價5萬元，那樣大的數目仍顯得便宜。那是史上最有趣的發明之一。在大都會報社地下印刷室看過印刷機運作的人，不會輕易忘記那神奇的景像。」

報紙的時代

印刷機由蒸汽驅動，不只讓既有的報紙有機會大幅提升發行量，也促成了新報紙的發行。理察·霍伊的姪子羅伯特·霍伊（Robert Hoe）寫道：「發生了一場報紙印刷的革命。從前因為無法迅速供紙而發行量受限的報章雜誌增加了發行量，也有許多新的報刊開始發行。不只美國各地採用了新式印刷機，大不列顛也一樣。國外的第一台設置於1848年，位在巴黎《祖國報》（*La Patrie*）的辦公室裡。」

隨著世界各地紛紛採用霍伊的發明，霍伊迅速致富，不過他打算進一步改良印刷機，做出更接近今日高速印刷的機器。他的「滾筒」印刷機推展了這個概念。這種印刷機是用一捲5英里長的紙來印刷，幾秒內就能印出幾千份雙面報紙。

霍伊的姪子這麼形容機器的運作：「紙捲展開時，首先通過一道蒸汽氣流，讓硬梆梆的紙面稍微潮溼軟化，適合印上東西，但沒讓紙溼掉、溼透。紙從一個印板滾筒下方通過，印板滾筒上有32個彎曲板，由7個滾輪上墨，印製32頁的單面。接著紙又送下去，另一個轉向滾筒將紙的另一面翻向另一個印板滾筒，過程迅速（不到2秒）但精準。」

滾筒經過刀具，刀具切開紙張，送出一份印刷完畢、折好的報紙。這機器每小時可以印出1萬8000份報紙成品，為了世界各地報紙大量發行的年代鋪路。

是誰發明了
遙控交通工具？

尼可拉·特斯拉的
「遠程自動操作裝置」

1898年

研究者：
尼可拉·特斯拉 (Nikola Tesla)

主題領域：
無線電控制無人機

結論：
展現了無人船、無人飛機和無人車的潛力

無人機常讓人覺得是21世紀獨有的現象，從業餘愛好者鍾愛的嗡嗡叫玩具，到飛越戰區數千呎上空的致命武器（見130頁）。

但說來奇妙，第一架「無人機」其實是19世紀末在紐約展示的（不過當時除了發明者，沒人意識到無人機的商業潛力）。

塞爾維亞工程師尼可拉·特斯拉展示了他口中的「遠程自動操作裝置」──水槽中一艘3呎長的模型船，用電池供電，靠無線電池操控。特斯拉生於1856年，搬到美國後靠發明東西賺了不少錢，他的發明包括了交流電，是今日主電源使用的系統。特斯拉的電學創新，是特斯拉汽車公司今日採用他名字的原因之一。

1898年，特斯拉得到了「控制移動式船舶或載具的方法與設備」（Method of and Apparatus for Controlling Mechanism of Moving Vessels or Vehicles）的專利。他展示控制機器能力的方式，是問機器問題，讓機器上的燈光閃動正確的次數。事後特斯拉說：「第一次展示時〔……〕掀起了我其他發明都不曾有過的轟動。」特斯拉用側面有控制桿

的小盒子把信號傳給小船。

機器裡的猴子

展示過程中，大家覺得這科技太古怪，有些人甚至深信特斯拉用某種方式作弊，或許是用意念控制小船。也有人覺得，船裡有隻小猴子，按他的指示控制小船。特斯拉在他的專利裡，表明他的發明是「遠端操控移動物體或漂浮船隻的推進引擎、轉向裝置與其他機件之方法與設備的某些有效新改良」，且說明他的方式適用於「船、氣球或車輛」。

戰爭機器

特斯拉展示的時間，比萊特兄弟達成的動力飛行早了五年，而且他預測他的發明會廣泛應用於探險，甚至捕鯨。特斯拉也深信，無線遙控機器會成為強而有力的武器，將終結所有戰爭。今日無人機廣泛應用在戰事中，或許就是最精準的預言。

特斯拉在他的專利申請書中寫道：以他的「遠程自動操作裝置」為基礎製造的武器會十分致命，使各國永遠不再戰爭。他還寫道：「這是最寶貴的價值──那樣的武器具有絕對而無窮的破壞力，通常會在國際間維持永遠的和平。」

特斯拉在這方面非常有先見之明──之後數十年間，軍事應用都集中在推動無人機技術（見130頁）。一次世界大戰時，已經有了實驗性的無線遙控飛機，到了越戰時期，監視無人機已經是戰事的重要一環。自動駕駛車背後的許多專家都在DARPA（國防先進研究計畫署）的大挑戰（Grand Challenge）初試牛刀。這場競賽由美國

軍方設計，希望得到能在戰爭上幫助士兵的車輛（見142頁）。

先知先覺，卻無利可圖

特斯拉從來不曾靠這項發明賺到錢——雖然引起大眾興趣，但特斯拉沒能說服投資者他的「遠程自動操作裝置」有任何價值，而美國海軍也不曾表示關心。

特斯拉發明這個裝置之後幾年，其他發明家也展示了遙控裝置。1905年，西班牙工程師李奧那多‧托雷斯‧克維多（Leonardo Torres-Quevedo）在畢爾包（Bilbao）附近在一群瞠目結舌的群眾眼前操縱一英里外的一艘船，他用來控制的無線遙控器（Telekino）常被稱為最早的遙控裝置。托雷斯‧克維多之後還會發明會下棋的自動機，許多方面來說，開啟了通往人工智慧的旅程。

這不會是特斯拉最後一次無法靠他的想法獲利。這位工程師有點怪裡怪氣，他曾宣稱他正在發明某種神祕的死亡射線，能一次射下數以千計的飛機，還有靠宇宙射線驅動的汽車，以及可以拍攝人類想法的機器。

但特斯拉真的很有遠見。在1926年的一場訪問中，特斯拉預測了智慧型手機的革命，準確得驚人。特斯拉說：「無線技術完美應用之後，全世界會變成一個巨大的腦。我們能超越距離，即時彼此交流。而且我們能透過電視和電話通信，清楚看到、聽到對方，即使相距幾千哩，也像面對面相見。我們利用的裝置，和目前的電話比起來簡單得驚人，應該能裝進背心口袋裡。」

第3章：現代機器人學的開端
1900-1939年

在20世紀上半葉發明了「機器人」和「機器人學」這兩個詞——機器人一詞的發明者是捷克劇作家卡雷爾‧恰佩克（Karel Čapek），機器人學一詞則是多產的大鬍子科幻作家以撒‧艾西莫夫（Isaac Asimov）首創的。兩人對機器人的看法大相逕庭：恰佩克的劇作是夢魘版的未來，機器人消滅了人類——而艾西莫夫則想像一個和平的未來，機器人受到他的「機器人三法則」支配，與人類共存。

　　隨著機器人的概念在小說、劇作和電影中生根（例如佛列茲・朗〔Fritz Lang〕的經典電影《大都會》〔*Metropolis*〕），科技也演進了。最早的機器人被打造出來，可以完成人類的工作，甚至還有一個開創性的機械手，因為太過先進而找不到工作可做。同時，戰時柏林的廢墟中有個計算機先驅正在研究一台機器。那台機器之後將毀於同盟國的炸彈之下，直到第三帝國覆亡，外界才知道它的存在。

研究者：
李奧那多·托雷斯·克維多
（Leonardo Torres-
Quevedo）

主題領域：
下棋人工智慧

結論：
最早的電腦遊戲（可惜你永
遠打不贏）

電腦對上人類
最早的（無敵）西洋棋自動機

如果要我們想像電腦遊戲的開端，大多數人想像的可能是年輕人玩的大型遊戲機，像是1970年代的《太空侵略者》（Space Invaders），或那之前幾十年窩在大型電腦主機後的科學家。不過一般被稱為第一台電腦遊戲的機器，最早是在1914年對上人類的。更誇張的是，那機器從來沒輸過。

「棋手」（El Ajedrecista）由土木工程師李奧那多·托雷斯·克維多設計，和從前的「下棋自動機」不同，不是作弊。這位多產的西班牙人設計了一系列機器（包括能解開代數方程式的計算機器），棋手是其中的最新款。

托雷斯·克維多出生於1852年，財務自由，在歐洲各地旅行之後安定下來，成了全職的發明家。托雷斯·克維多的專利和發明包括電纜鐵路、飛船和纜車——以及常被稱為最早遙控器的東西（能從地面控制飛船），但他寫道，他預料這技術能用於許多不同的機械裝置上。托雷斯·克維多的發明包括了橫越尼加拉瀑布的漩渦空中纜車（Whirlpool Aero Car），完工於1916年，至今仍在運作。

托雷斯·克維多在一篇論文〈自動學之定義與應用的理論範圍〉（*Automatics. Its Definition. Theoretical Extent of Its Applications*）中，解釋他打造下棋機，是為了證明他的想法——機器可以在從前被人類智慧獨占的領域取代人類。

機械人

前幾個世紀裡，曾出現過一些號稱能下棋的「機器」，

其中最著名的就是1770年由沃夫岡・馮・肯佩倫（Wolf-gang von Kempelen）向奧地利女王瑪麗亞・特蕾莎（Maria Theresa）現寶的「機器土耳其人」。

這個木頭人會動起來，拿起棋子，棋風意外強悍，打敗了幾名人類棋手。當時的觀眾認為，控制這個木頭人的應該是惡靈，甚至可能是隻會下棋的猴子。

其實木頭人裡躲著一個人，從棋盤底下下棋，用的裝置稱為繪圖縮放儀，後來對20世紀的機械手臂十分重要。

不過托雷斯・克維多的機器沒有那樣的機關。那台機器是電動機械，只做出下一步要怎麼走的單純「決定」。機器只會玩簡單的殘局，由國王和城堡對上玩家的國王。機器不一定會走出最理想的步數，有時一盤棋會超過50步，但最後總是能打敗對手。

「這裝置沒用處」

這台機器標誌著人工智慧的第一步，也是第一台建來遵守規則、有明確最終目標（稱為「捷思法」，heuristics）的機器。這種技術現在用於協助人工智慧的演算法找到解答。機器遵循一組條件規則，所以永遠不會輸。托雷斯・克維多在一場訪問中表示：「這個裝置沒有實際用處，只是支持了我的論點基礎：一定能做出自動機，讓自動機依特定條件行動，遵守自動機製造時編寫的特定規則。」

　　《科學人》（*Scientific American*）興奮地報導了這台機器，認為托雷斯・克維多「將以機械取代人腦」。《科學人》敘述了「棋手」如何察覺不符合規則的棋步，亮起基座的燈來抗議。只要亮起三個燈，對方就輸了。「這事新奇的地方在於：機器掃視棋盤，選了一個偏好的行動。當然，沒有人聲稱機器會思考或做到需要思考的事，不過發明者宣稱，〔......〕自動機能做到某些一般被歸類為思考的事。」

自動學理論

托雷斯・克維多在1920年改良了第一代機器，建了第二代《棋手》，不再是機械手臂在貌似電子的棋盤上移動電子連接器，而是讓棋子在看似一般的棋盤上「自己移動」（其實下方有電磁鐵引導）。

　　這台機器也附有聲音（裝設了留聲機）。機器制住對手時，會宣布「將軍」（Jaque al rey），贏棋時，會宣布

「將死」（Mate）。

1920年，托雷斯・克維多也在巴黎向群眾展示了一台四則運算器，用打字機輸入數目，做加法運算。機器用附有電磁學的機電裝置、開關和滑輪，計算數學公式的結果。

機器會透過另一台打字機輸出答案，預示了電腦在20世紀的使用方式。這兩台打字機用電纜相連，所以理論上可以放在不同的地方。

例如，要使用機器，操作員先輸入5，再輸入7（代表57），然後按下空白鍵，接著是乘法鍵，然後輸入4和3。輸出打字機接著就會打出一個等號，然後是答案——「2451」。輸入打字機接著換行，準備再度計算。

這機器在商業上有幾種明顯的應用方式，不過托雷斯・克維多並不打算商業生產。

托雷斯・克維多在他的文字中宣稱，他敬仰查爾斯・巴貝奇的研究（見第40頁），並且描繪出他的想像——有點類似我們今日所見的機器人。托雷斯・克維多寫道：「自動學可說是機器理論之中很特別的一章。應該審視如何建造自動機，並且賦予更複雜或單純的行為模式。自動機將擁有感覺器官，也就是溫度計、磁針、功率計、壓力計等裝置，用來感應環境。環境會影響自動機運作。」

今日，《棋手》展示在馬德里技術大學（Universidad Politécnica de Madrid）的托雷斯・克維多工程博物館（Torres-Quevedo Museum of Engineering）。必須再等70年，才會有機器可以下一整盤棋（而不是機器玩家立於不敗之地的殘局），打敗世上最優秀的棋士（見第119頁）。

↓

1914年

研究者：
卡雷爾·恰佩克 (Karel Capek)

主題領域：
機器人學

結論：
初次提及這個詞的劇本，在其他方面也很有遠見

「Robot」是什麼意思？

卡雷爾·恰佩克的劇作如何創造了「robot」這個詞

「Robot」機器人這個詞不是科學用語，而是來自科幻小說，類似作家H·G·威爾斯（H.G. Wells）創造出「原子彈」這個詞的情形。捷克劇作家卡雷爾·恰佩克說，他向他的畫家兄弟約瑟夫解釋了一齣戲的劇情之後，決定用「robot」這個詞。

恰佩克日後的科幻劇《羅森的萬能機器人》（*Rossum's Universal Robots*，*R.U.R*）的劇情，聽起來和這名詞出現一個世紀之後的好萊塢科幻電影像得詭異——天才科學家有了技術上的突破，做出數以千計的人造奴隸，結果奴隸反抗主人，滅絕了人類。

卡雷爾解釋了他的想法之後，約瑟夫說：「就叫roboti吧。」「Roboti」是捷克文，有勞工或農奴之意。恰佩克先前想過「labori」（勞動人），但他覺得約瑟夫的主意比較好，因為「labori」太咬文嚼字了。這想法定了型，卡雷爾也寫了他的劇本。打造機器人的工廠主人叫羅森（Rossum），聽起來很像捷克文的「理智」。

1921年，這場戲在布拉格的國家戲劇院首演，當時那裡仍稱為捷克斯洛伐克。這齣戲不只在捷克斯洛伐克大獲成功，在世界各地也一樣，1920年代在歐洲紅極一時。1930年代，美國廣播電台和BBC電視都各製作了一版。

但不是人人都愛這齣戲。科幻作家以撒·艾西莫夫寫過幾十本機器人相關的小說，發明了機器人三法則（見第76頁）。他說過：「在我看來，恰佩克的戲非常差勁——卻

因為那個詞而永垂不朽。」話說回來，艾西莫夫對機器人的看法非常樂觀，與恰佩克不同。恰佩克的觀念影響了日後許許多多的科幻小說，從總是起死回生的殘酷魔鬼終結者，到《銀翼殺手》裡反叛人類規範的類人形機器人。

人造僕役

恰佩克的劇裡，機器人不是金屬製的，而是生化肉體，在一間大工廠裡數以千計地生產，外表和人類毫無差別，卻製造來當人類的奴隸。有一個等級的機器人是建來做苦力的，生產時「大量製造」。

劇中，工廠經理哈利·多明（Harry Domin）說，苦力機器人「和一輛小拖拉機一樣有力。而且保證有一般智力」。機器人被刻意剝奪了創造力，而且沒有情緒，因此是較理想的工人。第一幕驚人的一景，是工廠的一位老闆提議肢解一名人形祕書機器人，證明她不是「真的」。

這齣戲不只確立了「機器人」這個詞，也確立了人造人的概念，而且遠比有技術生產有點像人類的機器早了很多。恰佩克不是去想像利用特定的技術來製作機器人，而是提出一則寓言，談論科技與人類貪婪的危險。

這齣戲引進的許多主題後來都變成常見橋段，成了機器人與人工智慧的主要形像——尤其是機器人會帶來威脅的概念。

機器人興起

劇末，機器人解釋了他們毀滅人類的理由。當然，啟發它們的正是人類自己的卑劣行為。人類的最後倖存者問機器人，他們為什麼殺死所有人類？一個機器人回答：「我們想要像人類一樣。我們想要變成人。」

↓

1925年

研究者：
法蘭西斯・P・胡迪納
（Francis P. Houdina）

主題領域：
自動駕駛車

結論：
「幽靈車」在1920年代開上
了街頭

機器人能
自己開車嗎？

胡迪納的「美國奇觀」如何啟發了自動駕駛車

最早的無人駕駛車不是被稱為「自動駕駛」或「自動化」，而是稱為「幽靈車」。這些車在自動駕駛車的技術成為商業現實之前將近一個世紀就出現了，用來進行道路安全教育，但這實在很諷刺，因為「幽靈車」本身的安全性就十分值得憂慮。

幽靈車在1920年代之後上了路，完全是遙控，由另一輛車上的人透過無線電駕駛（有一例則是從飛過頭頂的飛機裡駕駛）。

被稱為「美國奇觀」的那一輛胡迪納車於1925年在紐約初亮相時引起了喧然大波（還發生一場車禍）。這是早在衛生和安全條列建立之前，所以新造的自駕車在滿是人車的繁忙街道上展示。

「人沒有靠近控制裝置」

從前也有展示過無駕駛的車輛，包括李奧那多・托雷斯・克維多在1904年展示的遙控三輪車。但這可是一輛真實大小的量產車，在完全無人掌控的情況下穿過繁忙的市街。

《時代》雜誌寫道：「曼哈頓一輛無人乘坐的汽車停在百老匯的一條人行道旁。有個男子踩在踏板上，但沒靠近控制裝置。當那沒有駕駛的機器發動引擎、打檔、猛然從人行道旁衝進車陣裡時，路人大驚失色。」

駕駛汽車的是「法蘭西斯・P・胡迪納」（Francis P. Houdina），據說是兩名

年輕工程師的化名。無人車吸引人群圍觀，但並非事事都按計畫來。胡迪納公司的約翰‧亞歷山大（John Alexander）在第二輛車上把訊號傳給第一輛車，不過另一輛車轉向軸上裝設的駕駛裝置卻因為外殼鬆脫而失效了。這時，事情變得令人驚慌。

《紐約時報》寫道：「無線電車橫衝直撞開過百老匯，繞過哥倫布圓環，沿著第五大道向南，差點撞上兩輛卡車和一輛牛奶車，牛奶車開上人行道避難。開到四十七街時，胡迪納撲向方向盤，卻無法阻止無人車撞向一輛擠滿了攝影師的汽車。」此時警察懇求胡迪納停止實驗，但胡迪納又開回百老匯和中央公園大道（Central Park Drive）。

這車是很簡單的裝置：一輛錢德勒汽車公司（Chandler）的轎車裝上無線電天線，以及小型電動馬達，控制汽車的速度和方向，由一組緊跟在汽車後面的工程師「駕駛」。

「接收器」是風箏型的無線電天線。汽車的方向機柱也連接了某種皮帶，還有發動車輛、加速與煞車的裝置——但不確定工程師是否也能控制離合器和排檔。

無路可逃

胡迪納車也吸引了魔術師兼逃脫藝術家哈利‧胡迪尼（Harry Houdini）不必要的注意。胡迪尼因為雙方名字太接近而大怒，甚至到胡迪納公司的辦公室跑了一趟。他在他們的辦公室發現了一個寄給「胡迪尼」的包裹，整個人就抓狂了。《紐約時報》報導：「他從一個包裝箱裡扯出一個寫著『胡迪尼』的標籤，〔……〕，要求他歸還時，他拒絕了。他們想阻止他離開，結果他拿了張椅子，打壞了一盞吊燈。」公司否認他們使用「胡迪納」這名字是為了冒充手銬之王「胡迪尼」。

安全至上

胡迪納的發明啟發了一波類似的幽靈汽車，這些車用於在美國各地的小城鎮廣告、展示。有些是透過無線電遙控駕駛，有些則是透過汽車之間的有線連結。至少有一例是在低飛的飛行器上操控，從空中控制一輛車在街道上迴轉。

諷刺的是，胡迪納第一次測試雖是這種結果，但幽靈車卻也被用來進行開創性的道路安全推廣活動。1920年代的道路遠比今日危險（駕駛缺乏訓練、道路安全措施不足），而幽靈車是希望促使人類駕駛者更加謹慎。

1937年，幽靈車的音頻操作員J・J・林區（J.J. Lynch）接受北卡羅來納州伯靈頓（Burlington）的《每日時報新聞》（Daily Times-News）訪問，說：「一般的安全講席令人不快，尤其是你開始提醒另一個人他開車有什麼問題的時候。但如果為他們做這類演示，同時談到安全，他們就會聽。」

從宣傳到實用

接下來數十年間，對自動駕駛車輛概念的興趣悄悄延燒。1939年世界博覽會的「未來」展示中，通用汽車和設計師諾曼・貝爾・紀迪斯（Norman Bel Geddes）合作，揭露了未來的展望——汽車在「自動無線電控制」下開過寬闊的公路。1963年的英國，一輛雪鐵龍以高達時速130公里呼嘯而過，保守黨政治家海爾舍姆（Hailsham）勳爵就坐在前座，兩手沒放在方向盤上，而特別準備的測試車道下，有線路在引導車輛。但還要再過將近半個世紀，國防先進研究計畫署DARPA大挑戰在加州沙漠展開那場驚險刺激的無人駕駛賽，推動了科技的淘金潮，自動駕駛科技才變得實際可行（而且安全，見第142頁）。

機器人能對指令做出反應嗎？

赫伯特聲控機器人如何完成人類工作

1927年

研究者：
羅伊·J·溫斯利 (Roy J. Wensley)

主題領域：
人形機器人

結論：
最早能進行有用任務的人形機器人

在1920年代，有幾個「機械人」在世界各地令觀眾驚豔，它們都有金屬身軀和極具未來感的外觀。大部分只是自動機，靠機關動起來，和前幾個世紀的一樣（見第14頁）——只是加上了20世紀的科技，例如電和壓縮空氣。

但西屋（Westinghouse）1927在年展示的一款人形機器人——聲控機器人（Televox）——卻能做有用的工作（見艾西莫，127頁），雖然機器人必須再過70多年才能像人類一樣行走。

聲控機器人（全名是赫伯特聲控機器人〔Herbert Televox〕）能接收聲音指令（透過電話傳遞的可聞音調），啟動機器。它的外型很像把一個裝滿電動機械的盒子裝在一個人形立牌上（基本上也確實是這樣）。

赫伯特聲控機器人在全球發表時，開發者也透露：它在公司的實驗室裡造了一扇門，聽到「芝麻開門」就會打開，不過聲音辨識功能若是透過電話系統使用，太不可靠，所以赫伯特聲控機器人完全仰賴電話系統傳遞的蜂鳴和無線電報信號音調來通訊。聲控機器人掀起的轟動，是對西屋的羅伊·J·溫斯利的行銷天才的讚美。

會思考的機器？

《大眾科學月刊》（*Popular Science Monthly*）的一篇社論驚歎不已，標題寫著〈會思考的機器〉（Machines That Think），大肆吹捧聲控機器人的能力：「電子人會應答電話、做家事、操作機器、解開數學問題。」《曼徹斯特衛報》（*The Manchester Guardian*）採取了務實一

點的觀點，文章標題是〈用電話開爐子〉。

在紐約的一場展示中，溫斯利示範了赫伯特聲控機器人回應訊號（來源是音叉），按下了正確的開關。《大眾科學月刊》的赫伯特・鮑爾（Herbert Powell）寫道：「機械人的電沒連到電話，不過幾乎和你一樣會聽電話。機械人的耳朵是靈敏的麥克風，靠近聽筒，聲音是擴音器，靠近話筒。用的語言是一連串機械操作的單一蜂鳴聲。」

聲控機器人是西屋一系列愈來愈大型的機器人當中的第一個，當時西屋正在開創新的主意，目的是縮減偏遠地區變電所的員工人數。

完美無瑕

變電所的聲控機器人單位能接受特定音高的指令（由音叉振盪器產生），解讀密碼，做出反應，例如開啟開關。

機器人和一間指揮中心裡的第二台聲控機器人連絡，產生加密的聲響，表示指令已經執行。

西屋也展示了這個系統如何確認一座水庫的蓄水量——聲控機器人裝置被連接到水位計，和聲控機器人連繫時，聲控機器人就會發出一定次數的蜂鳴聲，代表水位高低。1927年，紐約啟用了這裝置。

《曼徹斯特衛報》寫道：「溫斯利先生解釋這個系統，說明電話傳給聲控裝置的聲音，是由靈敏的麥克風由聽筒接收，而產生的蜂鳴信號是由靠近電話話筒的一個擴音器發出。鈴響的時候，一個對聲音敏感的中繼設備抬起話筒，啟動站點

信號蜂鳴器，讓整個裝置準備運作。」

　　和聲控機器人有關的傳聞，很多都十分脫離現實——它並不會做家事（雖然理論上可以），也不特別擅長數學。不過溫斯利決定讓聲控機器人有人類的外表（並且讓聲控機器人上廣告、在媒體露面），聲控機器人因此在歐美引起轟動。

非常理想的腦子

西屋製作了一系列的機器人，這是第一個，最後以Elektro告終，這個聲控機器人在1939年的世界博覽會上這麼自我介紹：「各位女士先生，我很榮幸跟大家分享我的故事。我很聰明，我有精密的頭腦，內含48組繼電器。」

　　在西屋的攤位上，機器人站在俯視觀眾的高台上，甚至「走動」了（雖然動作古怪，像在滑行）。機器人用一台放音機模仿對話，「詞彙量」有700個，能抽菸、吹氣球。隔年，機器人帶著自己的金屬狗火花（Sparko）亮相。Elektro花了數十萬美元的研發經費，巡迴中的觀眾有數百萬人。

　　Elektro並沒有以「機器人」之名宣傳，因為當時這個詞還不像現在這麼家喻戶曉。當時Elektro被稱為「馬達人」。Elektro故事的後記出人意料。退休多時之後，1960年的香豔喜劇電影《性感小貓上大學》（*Sex Kittens Go to College*）選了這具機器人扮演機器人Thinko的角色。

　　今日，赫伯特聲控機器人和Elektro殘存的零件在俄亥俄州的曼斯菲爾德博物館（Mansfield Museum）展出。

1928年

研究者：
佛列茲・朗 (Fritz Lang)

主題領域：
小說中的機器人

結論：
「人類機器」啟發了虛構故事和真實世界中的機器人外表

「人類機器」該是什麼模樣？

從電影到現實

佛列茲・朗的默片大作《大都會》在1927年上映，少有電影服裝像這一片中的古怪金屬女人——人類機器（Maschinenmensch，man-machine）那麼經典。一個代表性的場景中，人類機器出現在光芒照耀下宛如王座的座位上，戴著面無表情令人不安的金屬面具，有著金屬的女性身軀，周圍是一條條金屬，讓那東西宛如一台工業機器。

那東西的身軀顯然是女性，動作不流暢，誇張而像機器，這設計影響了後來小說中（與現實中）的機器人，挑起了科技性別化的重要問題。

這套服裝在拍攝期間不翼而飛，新聞轟動一時。服裝的靈感部分來自少年法老圖坦卡門王的面具，它在不久前的1922年才在帝王谷出土。拍攝用的面具由設計師華特・舒爾茨・米騰朵夫（Walter Schulze-Mittendorff）打造。

機器人裝是貼在女演員布莉姬・赫爾姆（Brigitte Helm）的石膏模型外部。赫爾姆在片中飾演人類機器和它的人類替身：純潔而受壓迫的女工瑪麗亞。舒爾茨・米騰朵夫形容服裝的材質是「塑膠木頭——也就是一種有彈性的木質，接觸空氣時會快速硬化，和天然木頭一樣可以處理」。

面具之下

最終的結果是人又非人，有一張面無表情的金屬臉，四肢覆蓋著長長的金屬片。這東西出現的那一幕裡，它的瘋狂科學家創造者正狂喜地想著他要如何把他的金屬作品變成真正的女人。少女演員布莉姬・赫爾姆在全片的

長鏡頭裡都穿著戲服（完美主義的導演佛列茲·朗拍了幾百小時的鏡頭）。

當初是赫爾姆的母親把女兒的一張照片寄給導演佛列茲·朗的妻子蒂婭·馮·哈伯（Thea von Harbou，她寫的小說後來拍成了電影《大都會》），結果導演就決定讓這個名不見經傳的女演員擔綱女主角。赫爾姆試鏡時只有16歲。

赫爾姆在片中飾演瑪麗亞和貌似瑪麗亞的性化機器人。她穿的戲服硬梆梆不舒服，因為她的全身模型是站著製作的。拍攝完畢後，赫爾姆全身都是割傷和瘀青。

赫爾姆曾經問，某一場辛苦的戲為什麼不找替身來演。那場戲拍了九天，但她的臉從沒出現在鏡頭裡。佛列茲·朗說：「我必須感覺到妳在機器人裡。即使我看不到妳，還是能感覺到妳。」

人類機器的形像啟發了日後的電影，包括《星際大戰》裡的C3-PO（主要根據佛列茲·朗人類機器的外觀），而C3PO又啟發了其他機器人學家（例如辛希亞·布雷齊爾〔Cynthia Breazeal〕），想做出能跟人類互動的「社交機器人」。佛列茲·朗的虛構機器人的外觀，也啟發了真正機器人的設計師。SONY經典的機器狗愛寶（見第124頁）外型是空山基設計的，他在2019年展示了一個靈感源自「人類機器」的巨大雕像。

敗絮其中

佛列茲·朗的電影成為黑白片時代的不朽經典，但一開始卻很失敗，差點害製作電影的德國UFA公司破產。當時那是有史以來耗資最高的電影，預算大約700萬馬克，上映後卻是災難一場，影評和大眾都厭惡。《紐約時報》把這部電影描述為「技術神奇，卻敗絮其中」。

《大都會》描繪的是2006年，當時統治階層住在摩天

樓頂端，勞動階層則如同奴隸，在他們腳下辛勞工作。人類機器是科學家魯特旺（Rotwang）奉極權主義統治者的命令做出來的。機器人瑪麗亞搖身變成了真女人（據說是靠科技，不過其實很可能是因為預算限制），試圖在一座淒慘的未來城市裡離間分裂。

　　冒牌瑪麗亞告訴工人：「是誰生生餵養了大都會裡那些機器？是誰用自己的鮮血去潤滑機器的關節？是誰用自己的肉餵食那些機器？你們這些白痴，就讓機器挨餓啊！讓它們死！」機器人因為邪惡的行徑而被處以火刑，露出真正的金屬形體。

女人機器

這機器人和之後的小說裡的許多機器人一樣，是令人不安的可怕角色。同時這個機器人也十分明顯地性化，預告了其他有問題的虛構（與真實）機器人和AI幫手。人類機器啟發的許多女性人形機器人（gynoid）都十分性感，被描繪成是男人創造來替他們服務的。

　　之後的電影中，像《銀翼殺手》中機器人性工作者普莉斯（Pris）這樣的角色（出現異常，不得不強迫「退休」）以及1975年電影《複製嬌妻》（*The Step-ford Wives*）裡順從的女性機器人（由艾拉・萊文〔Ira Levin〕的小說改變，成功男人製造了聽話的妻子），都性感而像奴隸。這些角色引起令人不安的疑問，例如為何現實中那麼多「服務型」機器人採用女性的外觀。即使到了現在，大有幫助的「語音助裡」預設的聲音（例如Alexa和Siri）也常常是女性。

　　隨著納粹黨得勢，佛列茲・朗流亡美國，馮・哈伯則為納粹拍電影，戰後被英國當局拘留。拍完這部電影後，布莉姬・赫爾姆後來在UFA公司事業成功──但拒絕再和佛列茲・朗合作。

波拉德的專利
有什麼用？
「位置控制裝置」如何為機械手臂打下基礎

1938年

研究者：
威拉德·波拉德（Willard Pollard）

主題領域：
機械手臂

結論：
利用「繪圖縮放儀」設計出噴漆機器人。

　　小說裡的機器人外觀通常像人類，但工作場所的機器人通常是單獨的機械手臂，從進行手術的機械手臂、裝在推車上的拆彈手臂，到太空梭計畫中著名的加拿大臂（Canadarm）——用來捉住人造衛星、把太空人放在想要的位置。

　　機械手臂最早的設計其實出現在二戰之前，不過要過一段時間，世人才了解這個概念的所有商業潛力。

　　1938年，美國工程師威拉德·波拉德為他所謂的「位置控制裝置」（機械手臂）申請了專利。他希望能把這種機器用在美國的汽車工業上，讓噴漆程序自動化。

　　20世紀上半葉，美國引領了全球的汽車工業，主要是因為美國把從前的手工程序流暢化、自動化。

　　亨利·福特為了大量生產汽車而設置最早的移動生產線時，打造一輛汽車的時間從12小時以上（一組工人合力組裝一輛車）縮短到一個半小時出頭。汽車沿著生產線，在一組組工人之間移動。汽車價格的連鎖反應使福特的T型車稱霸汽車工業，在接下來十年中賣出1000萬輛。

　　波拉德提出的創新是合理的下一步——用自動化可編程的手臂取代流程中的一項工作：為汽車噴漆。相關專利有兩個，一個是為汽車噴氣的自動化控制系統，另一個是機械手臂本身，專利分別在1934和1938年申請。機械手臂的專利寫道：「我的發明和位置控制裝置有關。更精確地說，是和控制一枝噴槍的活動和調整噴槍位置

的裝置有關，這裝置能在噴塗曲面或不規則表面（例如汽車車身等）時，控制噴槍活動。」

孤掌而鳴

當然，威拉德的發明並不完全是在瞎碰運氣。他專利中描述的機器是繪圖縮放儀，類似用來製作多份手寫稿的裝置——把多支筆固定在一系列關節構成的「手臂」上，把筆連結在一起。最早描述繪圖縮放儀這種東西的是希臘哲學家兼數學家亞歷山卓的希羅（他本身也是自動機的巧手製造者和設計師，見第14頁）。

「機器土耳其人」也有用到縮放儀手臂，這個惡名昭彰的假機器人在18世紀末冒充機器棋士，欺騙觀眾。藏在機器土耳其人內部的人類棋士移動一隻繪圖縮放儀臂，而宣稱「自動化」的機器土耳其人就會移動它的機械手臂，把棋子放在棋盤上。

機器裡的人

但波拉德手臂的獨到之處是它不需要有人躲在機器裡——它甚至完全不需要人類控制。波拉德的機械手臂有「五自由度」（指的是能活動的五種方式，例如翻滾、俯仰〔pitching，上下〕、偏擺〔yawing，左右〕）。

它之所以實用，是因為只要換掉一條附有指令的輸送帶，甚至配合組裝線流程的不同位置而裝上不同的工具，就能重新編程，噴出不同的圖案。

這台機器用氣缸來控制位置，而且「可以進行（非常基本的）編程」，因此能迅速切換工作。波拉德寫道：「如果要噴塗輸送過來的『雙門小轎車』，會選擇『43』，這個記錄中含有適合這模式的記錄。如果是『轎車』，就會選取另一筆記錄，以此類推。」

擁有手臂的權利

可惜波拉德的想法太前衛了。繪圖縮放儀臂從來不曾大規模生產，但有些人認為，DeVilbiss噴槍公司可能在1940年代初期參考波拉德的設計或哈洛德·羅斯朗德（Harold Roselund）申請的相關專利（「讓噴槍或其他裝置在預定的路徑上移動」），打造過一個原型機械手臂。

麥克·莫蘭（Michael Moran）在他的文章〈機械手臂的演進〉（*Evolution of Robotic Arms*）中指出，「人類因為勇敢運用了1930年代晚期開發出來的這兩隻罕為人知的手臂，開啟了現代的機器人學時代」。莫蘭談到波拉德：「他對工業應用自動化機械手臂的設計與愛好，將會激勵其他人的巧思」。

二戰爆發使得感應器和計算處理大幅躍進，而且造就了一個發展趨勢——可以控制「智慧」機器的系統。又過了20年，波拉德夢想中機器人湧入美國汽車工廠的情景，才會隨著改變世界的Unimate機械手臂發明而成真（見第95頁）。

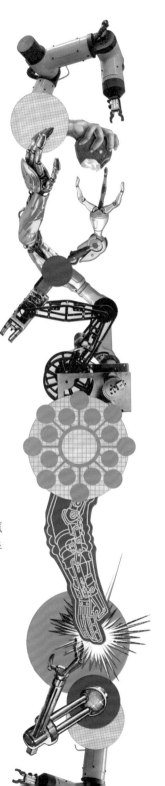

$q_1 S_0 S_1 R q_2; \quad q_2 S_0 S_0 R q_3; \quad q_3 S_0 S_2 R q_4;$

第4章：發展智能
1940-1969**年**

在 20世紀下半葉，運算與人工智慧這兩個新興領域受到二
戰誕生的科技推動，一飛沖天，戰爭尾聲的高度機密機
器（例如ENIAC，電子數值積分計算機）讓人一瞥可編程通用
型電腦的能耐。此外，概念也大爆發，戰時的計算機先驅艾
倫・圖靈提出一個測試，能確定機器是否真的有智能。1956年
在新漢普郡達特茅斯的一場研討會上，代表們創了「人工智
慧」這個名詞，對於真正的機器智能何時問世，提出了非常樂
觀的想法。

　　不過雖然人工智慧研究正在走向「人工智慧之冬」，但全球各地的實驗室都有一些有趣的機器人成形，例如名副其實的「沙基」（Shakey）能自己穿過迷宮，啟發了世界各地的人，包括年輕的比爾・蓋茲（Bill Gates）。

1942年

研究者：
以撒·艾西莫夫（Issac Asimov）

主題領域：
機器人行為

結論：
建立了「法則」，確保機器人不會傷害人類

機器人能凌駕於法律之上嗎？

艾西莫夫的「機器人法則」如何幫助我們想像一個人機共存的社會

「機器人學」這個字是多產的科幻小說家以撒·艾西莫夫創的。艾西莫夫說他完全沒意識到他創造了一個新詞，還以為他在1940年代初想到這個詞的時候，它就已經存在了。

艾西莫夫的「機器人三法則」來自他的機器人科幻小說，是艾西莫夫最知名的概念之一，至今仍有很大的爭議。

機器人三法則是一系列的簡單規則，目的是確保機器人是人類有用的僕人（不會跟主人反目成仇）。

三法則如下：「機器人不能傷害人類，或因袖手旁觀而導致人類受傷。」

「機器人必須遵循人類給予的指示，除非指示和第一法則有牴觸。」

「機器人必須保護自己，前提是不會牴觸第一或第二法則。」

艾西莫夫在他之後的小說裡，加上了第四法則（他稱之為「第零」法則）：「機器人不應危及全人類，或因袖手旁觀而讓全人類受到危害。」

艾西莫夫是多產的作家，一生作品數量驚人（從以他自己為主角的偵探小說到莎士比亞導讀都有）。他說他每天早上7點半就開始寫作，晚上10點停筆。

艾西莫夫以一臉大鬍子聞名，他說他的作品只會重寫一次，所以產出的速度才會快得誇張。

艾西莫夫說：「我無意寫得極富詩意或極有文采。我只是盡量寫得明確，而且很幸運頭腦清晰，能邊

想邊寫，結果令人滿意。」

艾西莫夫不肯坐飛機，而且只在他公寓裡的一台越野滑雪機上運動。艾西莫夫生於斯摩倫斯克（Smolensk），他把他的敬業精神歸功於父親。他的俄國父親在布魯克林區有一間甜點店，早上6點開到下午1點，一週營業七天。艾西莫夫從小就天天在那裡工作。

艾西莫夫說：「我都是親自打字、親自做研究、親自回信。我甚至沒有作家經紀人。這樣就不用爭執、不用做出指示，不會有誤解。我每天工作。星期天效率最好——不會有郵件，也不會有電話。寫作是我唯一的興趣。就連說話都是干擾。」

深具影響力的榜樣

本書中的許多機器人學者都說他們受到艾西莫夫的作品啟發——包括第一具工業機械手臂（見第95頁）的開發者喬治·戴沃爾（George Devol）和約瑟夫·恩格爾伯格（Joseph Engelberger），以及Cyberdyne的執行長——山海嘉之（見第145頁）。艾西莫夫的知名粉絲還有電商亞馬遜的傑夫·貝佐斯（Jeff Bezos）。

艾西莫夫的機器人系列共有37本小說和短篇故事，想像未來為人服務的「正電子機器人」與人類共存，受到三法則約束。他的第一個機器人故事發表在1940年代的雜誌上，在1950年集結成《我，機器人》（I, Robot）。

卡雷爾·恰佩克的戲劇《羅森的萬能機器人》裡，無情機器反叛了人類。艾西莫夫的機器人卻不同，被描寫得和藹可親，例如兒童的機器保姆小機（Robbie），或剛正的機器警察。

在短篇〈小機〉（Robbie）裡，喬治·威斯頓（George Weston）的小孩太依賴機器人保姆，妻子因此想把他們的機器保姆處理掉。威斯頓抗議：「機器人比人類保姆可

靠多了。小機打造的目的,其實是為了陪伴小孩子。他的心態完全是為這目標而設定。他就是忍不住會忠誠、慈愛、親切……人類恐怕都比不上。」

數十年間,機器人法則啟發了許多如何管理機器的嚴肅討論,但在艾西莫夫的小說裡,似乎有一些辦法可以迴避機器人法則(例如說服機器人在不知道會傷人的情況下做出某件事)。

2004年,威爾・史密斯(Will Smith)主演了改編自《我,機器人》的電影,標語只寫著:「法則終將打破」,而電影情節與一個機器人犯下的謀殺案有關。

給機器人的一條法則

艾西莫夫的法則仍然常常是討論機器人與人工智慧倫理的基本出發點。不過這些年來,機器人學指明了機器人法則的種種問題,包括機器人刻意傷害其他機器人是被允許的。

英國的工程與理學研究委員會(Engineering and Physical Sciences Research Council)試圖訂出改良版的機器人法則,指出:「艾西莫夫的法則是虛擬之作,不是為了真實生活中的運用而寫的,並不實際,而且實際上根本行不通。」

「比方說,機器人怎麼知道人類會受傷害的所有可能原因?連人類都可能搞不清指令的意思,機器人怎能理解、遵行所有的人類命令?」

提出的新法則包括禁止設計機器人來殺人(許多倡導者視之為愈來愈嚴重的威脅,見第130頁)。

另一條是要設計製造機器人的人為他們的作品負責。這條法則寫道:「責任承擔者是人類,而不是機器人。機器人應該根據現存法律(包括隱私權相關法律)來設計運作。」

女性如何協助電子數值積分計算機？

辛勤的思考機器

1944年

研究者：
約翰・莫奇利、法蘭西絲・霍伯頓（John Mauchly & Frances Holberton）

主題領域：
數位計算

結論：
電腦做許多事都比人類快

當一個房間那麼大的ENIAC（電子數值積分計算機，Electronic Numerical Integrator and Calculator）在1955年「退役」的時候，據估計十年的工作期間做過的算術，比全人類幾個世紀來做過的都還要多。這台機器重達24公噸，體積是167平方公尺，由真空管和二極體構成，在二戰期間受託製作，1943年開始建造。

計算彈道

ENIAC是科學家約翰・莫奇利提議的結果。莫奇利為了加速美國軍方計算而提出的構想，是以真空管為基礎的機器。那是第一台可編程的通用電子數位計算機。

射表（firing table）這種圖表計算的是槍炮在標準狀況下的彈道。戰時，美國軍方為了開發中的新武器，需要大量的射表，而ENIAC就是為了解決製作射表的問題而建造的。

彈道計算起先是用工程計算機加上人工計算，短短60秒的彈道，最多可以算上20小時。彈道計算太耗時，美國陸軍的彈道研究實驗室（Ballistic Research Laboratory）曾經找過100名以上的女學生單純計算彈道。

相較之下，ENIAC能在僅僅30秒內就完成同樣的彈道計算，每秒能做5000道加法，或360道二個十位數的乘法。此外也有除法和開根號的設定。那是此前最複雜的電子系統，有1萬7000支真空管，7萬個電阻器，和1500個機械式繼電器。

機器位在賓州大學一間15公尺長、9公尺寬的地下室

內，運作時每小時會產生174千瓦的熱能，需要自己的空調系統。原本的造價預估是15萬，但製作用程中提高到40萬。

可惜ENIAC始終沒有服役。ENIAC在1945年11月才完工，戰爭早在好幾個月前就結束了。不過ENIAC之後卻參與了美國研發氫彈的過程。

操作機器

因為二戰的緣故，男性工程師短缺，所以許多女性應徵來處理ENIAC。年輕的女工程師（許多畢業於數學系）負責「硬體線路控制」（hard-wired）的程式設計，花了不少時間設定機器裡的開關和纜線。很多人起先是雇來手動計算資料，之後才改去處理那台電腦。說來諷刺，那台電腦正是為了取代她們而建造的。事實上，她們之

前就被稱為「計算員」（computer，和「電腦」的英文是同一個字）。

設定ENIAC來進行新的計算花了好幾天時間，工程師把電線接到插線板，然後再花幾小時測試機器的配置對不對。法蘭西絲・霍伯頓是最能直覺找出ENIAC正確路徑的人之一，後來去研究電腦語言COBOL和FOR-TRAN。她說靈感經常在她睡覺時浮現。

通常不贊成關閉ENIAC，因為開關ENIAC常使運算所需的真空管爆裂。真空管常常爆，職員必須翻翻找找，查出是哪根爆掉然後換上好的，團隊勉強把這過程壓縮到僅僅15分鐘。

氫彈

戰後，ENIAC第一個真正的任務是和美國氫彈計畫相關的計算，當時這個計畫剛剛起步，在洛斯阿拉莫斯（Los Alamos）進行。之後，曼哈頓計畫（Manhattan Project）的尼可拉斯・梅特羅波里斯（Nicholas Metropolis）為氫彈設計了一台新電腦，名字取得很妙，就叫MANIAC（「瘋子」的意思，全名是Mathematical Analyzer, Numerical Integrator and Calculator，數學分析儀、數值積分與計算機）。而ENIAC也終於退休，據說是因為被雷打到而受損。

1997年，摩爾大學（Moore University）的學生為了記念ENIAC五十週年，展示了計算機學自電腦時代開端以來的成就，用一片電腦晶片來模擬整台機器，並由一台個人電腦控制，模仿ENIAC本尊的手接線路。

ENIAC本身遭到拆解，有些面板送到史密森學會（Smithsonian），有些則在密西根州大學。後來的幾年間，億萬富翁羅斯・佩羅（Ross Perot）買下了一些面板，現在展示在奧克拉荷馬州的錫爾堡野戰炮兵博物館（Fort Sill Field Artillery Museum）。

1949年

研究者：
埃德蒙・伯克利 (Edmund Berkeley)

主題領域：
智能機器

結論：
協助開啟個人電腦的時代

機器能和我們一樣思考嗎？

「巨腦」如何幫助我們想像家家戶戶都有電腦

在電腦時代早期，人常不覺得那些機器是電子工具，而是更像人類（至少人腦）的東西。

這樣的形像常用在早期電腦（例如ENIAC，見77頁）的新聞報導中，也是第一本電子計算機暢銷書《巨腦》（Giant Brains Or Machines That Think）熱切提出的概念。作者埃德蒙・伯克利把那樣的「巨腦」改造過的世界，描繪得充滿希望。

那本書出版於1949年。前一年，諾伯特・維納（Norbert Wiener）的《自動控制學》（Cybernetics）吸引了不少關注，書中討論了自我調節機制。而伯克利的書栩栩如生地描繪了一個充斥著電腦的未來，激發了大眾的想像。

古怪的巨大機器

伯克利寫道：「最近有不少新聞報導了古怪大機器精湛地高速處理資訊。如果構成頭腦的不是血肉和神經，而是硬體和線路，大概就像這些機器。」

委婉來說，伯克利的一些結論很樂觀。他寫道：「機器能處理資訊，能計算、做出結論和選擇，能用資訊來進行合理的操作。所以，機器可以思考。」

伯克利出生於1909年，是精算師兼電腦先驅，親眼見過那個時代的幾台巨型電腦，書中描述了當時的幾台機器（並且想像未來那樣的機器會改變一切）。

結果這本書大賣，影響十分廣泛。派屈克‧麥高文（Patrick McGovern）出了一系列給傻瓜的電腦書，他讀了《巨腦》之後受到啟發，打造了一台玩井字遊戲能贏過任何人的電腦。結果麥高文贏得了麻省理工學院的獎學金。

對機器人的恐懼

這本書也勾起了恐懼。討論機器人與人工智慧時，這些恐懼（包括擔憂大規模失業）將十分常見。約翰‧E‧佛斐（John E. Pfeiffer）在《紐約時報》寫道：「很重要的一章討論了大型電腦對社會的衝擊。從前，科技失業大多限於做勞力活的人，不過商業電腦數以百計地生產時，許多白領勞工可能發覺自己被真空管組成的東西取代了。」文章指出，目前使用中的大型電腦「不到一打」，這種擔憂是「未雨綢繆」。

　　伯克利也警告機器人可能起而反抗，認為未來機器人可能對人類造成實際的危險。伯克利畢生都是反核武的運動人士，撰文嚴厲譴責自動化與科技武器。

簡單的西蒙

這本書勾起了大眾對電腦的興趣，且因為伯克利預測未來的世界將充斥著那樣的腦子，也使把計算機稱為電「腦」的習慣變得根深蒂固。

　　伯克利寫道：「人們才剛剛開始建造機械腦。所有的成品都還很嫩：都是1940年之後出生的。很快就會有更驚人的巨腦了。」

　　也許那本書最持久的遺贈是西蒙（Simon）——那是一台簡單的「機械腦」，伯克利先是在書中描

述，之後才打造出來。這個機械腦常被稱為第一台個人電腦。

伯克利寫道：「西蒙很小、很簡單，甚至能做得比商店的紙箱還小，大概4立方英尺......你也許會覺得，像西蒙這種簡單型的機械腦不會有什麼厲害的用途。恰恰相反：西蒙具有和簡單的化學實驗組一樣的教育功能——刺激思考與理解，進行訓練、培養技能。操作機械腦的訓練程序，很可能包括建構一個簡單款的機械腦當作練習。」

西蒙可以執行簡單的加法，用打孔卡輸入資料（伯克利擔任精算師時就在使用打孔機）。它透過背後的燈號來顯示算出的「答案」。

現代預言

伯克利希望這台機器能激起建造「機械腦」的熱潮——類似1960年代礦石收音機的熱潮。但這台機器有它的限制，只能顯示0、1、2、3這幾個數字，因此熱潮從來沒實現。

不過因為有這台機器的經驗，伯克利做出了一個關於現代世界的著名預言（而且非常精準）。1950年，伯克利在《科學人》的一篇文章中寫道：「有朝一日，我們家中甚至會有小型電腦，像冰箱或收音機一樣，經由電線得到能源。〔......〕它們可能替我們記憶繁複的資訊，可能計算帳目和所得稅。學童做功課時，可能需要電腦幫忙。」

機器要如何通過圖靈測試？

評估機器表現出智慧行為的能力

1950年

研究者：
艾倫‧圖靈（Alan Turing）

主題領域：
智能機器

結論：
人工智慧可以冒充人類

該怎麼分辨機器是不是有智慧呢？1950年，英國的計算機先驅艾倫‧圖靈（常被稱為人工智慧之父）想出了一個簡單的測試，他稱之為「模仿遊戲」。之後的數十年間，這個測試成了所謂的「圖靈測試」。圖靈測試其實是個簡單的室內遊戲，有一個裁判坐在雙方旁邊：一方是人類，一方是機器。裁判和兩人對話，然後判斷哪個是人類。

圖靈在他的科學論文〈計算機與智能〉（*Computing Machinery and Intelligence*）中指出，機器如果能說服裁判相信自己是人類，就「贏了」這個遊戲。不過之後的數十年間，規則有過幾種不同的解讀方式。

模仿遊戲

圖靈提出兩種遊戲，一種是男人與女人要隱瞞自己的性別，騙過裁判，另一種則是機器與人。如果電腦能像人類瞞住自己的性別一樣，讓裁判以為自己是人類，圖靈認為電腦就贏了。

圖靈承認這個測試把問題給單純化了。他不考慮「機器能不能思考」的問題，而是問：「有沒有可信的數位電腦能在模仿遊戲裡表現得很好？」

這個測試不是為了排除「真正」的智能，甚至不是要了解真正的智能，

只是想測試機器能不能模仿人類。圖靈指出，機器為了騙過審問者，本質上就該「騙人」。他建議機器應該遲疑個30秒，再回答複雜的數學問題，這樣才會更像人類參與者。

圖靈寫道：「我不希望讓人覺得我認為意識沒什麼奧祕之處。但我不認為必須解開這些奧祕，才能回答與我們切身相關的問題。」

會思考的機器

圖靈本人對於要多久才能做出智慧機器，有點太過樂觀。他預測，到了20世紀末，機器應該就能「思考」。圖靈寫道：「到時候，一般用語和受過教育的一般看法會大大不同，當人說起會思考的機器，會覺得再自然不過。」

圖靈提出這個問題之後超過半個世紀，人工智慧的聊天機器人爭相以各種不同方式「通過」測試。有些研究者甚至聲稱他們在各種圖靈測試中都「贏了」，但各個都有爭議。

最早能嘗試圖靈測試的軟體是麻省理工學院在1960年代開發出的ELIZA，它會模仿人類對話。ELIZA用「模式比對」（尋找詞組，然後用同樣詞組的變體來回答），嘗試進行像人類的談話。不過開發者約瑟夫・維森鮑姆（Joseph Weizenbaum）認為ELIZA突顯了圖靈測試的缺陷，因為ELIZA完全不懂人類對「她」說了什麼。

1990年，發明家休・羅布納（Hugh Loebner）發起了一年一度的羅布納獎（Loebner Prize），令聊天機器人爭相哄騙裁判團相信自己是人類，多年來已有數十個機器人去競逐這個獎項。

尤金・古斯特曼是真的嗎？

2014年，倫敦皇家學會的一場活動中，研究者聲稱有一

台名叫尤金・古斯特曼（Eugene Goostman）的電腦通過了圖靈測試。這個軟體是在俄國聖彼得堡開發的，模擬一名13歲烏克蘭男孩的對話。古斯特曼在五分鐘的無限制談話中騙過了百分之33的裁判，於是瑞丁大學（University of Reading）的研究者凱文・華威（Kevin Warwick）宣告獲勝。

華威說：「這次使用了有史以來最同步的比較測試，經過獨立驗證，最重要的是對話內容不受限。真正的圖靈測試，不會在談話之前設定問題或話題。因此我們自豪地宣佈，首次有機器通過圖靈測試。」

有些人則抱持比較懷疑的態度，稱之為「公關噱頭」，指出其他機器人也曾有類似的成功。華威本人是炒作新聞的老手，他先前在手臂裡植入一個電腦晶片，然後自稱是「第一個機械化生物」。批評者也指出，古斯特曼機器人使用的手法並不公平，因為它利用年輕、出生在烏克蘭的設定來掩蓋錯誤，假裝那是年紀或文化差異造成的結果。

有愈來愈多企業以聊天機器人軟體作為與顧客交流的第一線（我們許多人也都會和Siri與Alexa這類語音助理交談）。我們天天都會遇到這些類似艾倫・圖靈想像的軟體，對話非常自然。但重要的是，這些機器人從不隱瞞自己不是人類。

科學家不再認為圖靈測試是任何人工智慧的真正指標，但圖靈測試仍是日常生活重要的一部分。我們都常常經歷某種形式的「反向圖靈測試」，也就是線上的CAPTCHA問題（設計來別除冒充人類的機器人）。每次你選出棕櫚樹或消防栓，想證明你不是機器人，其實就是在做反向的圖靈測試。

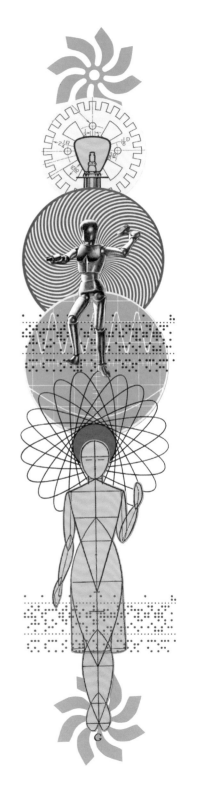

研究者：
馬文‧明斯基（Marvin Minsky）

主題領域：
神經計算

結論：
類似頭腦的電腦，能像生物一樣「學習」

SNARC是什麼？

最早像人腦一樣「學習」的類神經網路機器

史丹利‧庫伯力克（Stanley Kubrick）要為他1968年的電影《二〇〇一太空漫遊》（2001）設計造反的人工智慧哈爾（HAL）時，夢想的是盡可能準確地「再設計」33年後人工智慧可以做到的事（電影設定於1991年）。他請教的專家是馬文‧明斯基。明斯基針對機器的外表和能做的事提出建議（電影裡的機器能說話，甚至能讀唇、下棋，外型是個裝滿黑盒子的櫥櫃）。明斯基很有遠見，1940年代在哈佛讀大學時，首度想像出一台能「學習」的機器。明斯基非常博學，之前研習過音樂、生物與數學，之後才找到他的天職——機器智能。1981年，明斯基告訴《紐約客》雜誌：「遺傳學似乎非常有趣，因為還沒人知道它的運作方式。但我不確定遺傳學算不算深奧。物理學的問題似乎深奧而能解。研究物理學或許不錯。」但不論是遺傳學還是物理學，對明斯基而言似乎都不如機器智能那麼深奧。「智能的問題似乎深不可測。我好像不曾覺得有其他值得我做的事。」

細胞內景

明斯基對1943年的一份論文深深著迷，作者是神經心理學家華倫‧麥卡洛克（Warren McCulloch）和數學家華特‧皮茨（Walter Pitts），文中探討了神經元（腦細胞）的可能運作方式。那份論文用簡單的電路來模擬概念。

1951年，哈佛心理學家喬治‧米勒（George

Miller）給了明斯基一個建造類似機器的機會，為他找到資金來打造這個裝置。明斯基招募了研究生迪恩‧愛德蒙茲（Dean Edmonds），但警告愛德蒙茲，他擔心機器可能「太難」做。

其實那台機器將會成為最早的電子學習系統，能模擬神經網路的功能。類神經網路今日應用廣泛，是模仿人腦結構的電腦網路。

明斯基的機器稱為SNARC（Stochastic Neural Analog Reinforcement Computer，隨機神經網路模擬強化計算器），由真空管、電動機、離合器構成40個突觸（加上一個來自B-52轟炸機控制面板的備用零件）。

今日，SNARC只有一個神經元存留下來（本身是龐大的裝置，有真空管、電線和電容器），它原本透過一個插線板和其他40個神經元連接。整組的大小相當於一架平台鋼琴。

SNARC的概念是強化「正面學習」。機器的「記憶」是電容器（這些元件能儲存電荷，可以當作短期記憶），以及一個電位計（用於音量控制、長期記憶）。

如果神經元激發，電容器就會保留神經元激發的記憶。有個鏈結是把40個神經元連接到電位計，如果系統受到「獎勵」（研究者按下按鈕），這鏈結就會提高以後神經元激發的機率。這些綜合在一起的效果，是「獎勵」正確的決定。

機器裡的老鼠

明斯基測試機器，讓機器扮演在迷宮裡尋找食物的「老鼠」。完整的機器已經不復存在，所以我們不清楚明斯基是怎麼追蹤結果的。明斯基建好SNARC之後，把機器

借給了達特茅斯（Dartmouth）的學生，但十年後他要求歸還機器時，機器卻不見了。一般認為明斯基和愛德蒙茲是用燈光來追蹤進展。

明斯基說，機器嘗試了幾次之後，會根據正確選擇受到強化的情形，進行邏輯「思考」。也就是說，「老鼠」一開始會隨機跑，但「正確」的答案會讓機器愈來愈容易做出同樣的選擇。

接著明斯基發現了另一件事：「因為我們設計的一個電路出了狀況，所以我們可以在同一個迷宮裡放兩、三隻老鼠，一一追蹤。老鼠居然會彼此互動。如果其中一隻找到不錯的路徑，其他老鼠通常會跟著走。我們算是暫時放下了科學，觀察起機器來。很驚訝那小小的神經系統裡，可以有好幾個活動同時進行。」

有腦子的機器

明斯基後來在他1969年與西摩爾・派普特（Seymour Papert）合著的《感知器》（Perceptrons）一書中指出了研究類神經網路這個新領域的一些限制。當時有些人指責這本書，說它害這個主題流失研究經費。

不過近年來，人工神經網路變得很流行，如今已廣泛應用於「深度學習」，多層節點組合成的電腦網路用範例來訓練（例如用有標籤的影像），然後用來辨識其他的範例。

人工神經網路廣泛用於語音辨識和翻譯軟體等領域。谷歌的DeepMind人工智慧在古老的桌遊「圍棋」上打敗了世界頂尖的玩家（見155頁）之後，DeepMind就用一種「類神經網」學習如何下得比最優秀的人類棋士更好，並為圍棋發展出全新的策略。

谷歌甚至實驗了用類神經網路來為人工智慧設計新晶片。回顧史丹利・庫伯利克、哈爾和《二〇〇一太空漫遊》，聽起來宛如出自科幻小說的恐怖故事。

人工智慧是在何時誕生的？

達特茅斯研討會

1956年

研究者：
約翰・麥卡錫（John McCarthy）

主題領域：
人工智慧

結論：
確立了人工智慧的挑戰（並且擴張了這個領域）

「人工智慧」這個詞是1955年8月提議舉辦和「製造智能機器」有關的工作坊時創的。提案者是當時新罕布夏州達特茅斯大學的數學助理教授約翰・麥卡錫（John McCarthy），突顯了1950年代初許多科學家的樂觀態度——人工智慧不是什麼棘手的問題，不久的將來就能達成。現在看那些論文的用字遣詞，感覺人工智慧在十年內就能成真。

一般認為，是麥卡錫創了「人工智慧」（artificial in-telligence）這個詞，他把它定義成「建造智能機器的科學與工程」。他的想法是，這場研討會「會設法讓機器去使用語言，形成抽象與概念，解決各種目前只能由人類處理的問題，並且自我改進。〔......〕以目前的目標來看，人工智慧的問題，是如何讓機器表現得像聰明的人類。」

會思考的機器

大約有50位學者參與了工作坊，包括最早的類神經網路裝置（見第86頁）發明者馬文・明斯基。工作坊的時間是隔年夏天的7月到8月。一般認為，那場工作坊是人工智慧這個領域的誕生地，許多參與者（數學家與科學家）之後在AI領域都有了自己的突破。

但這個提案的措辭突顯了一個事實：許多AI界的傑出人士都有種不切實際的樂觀，相信電腦不久就能達到如同人類的智能表現。即使到了60多年後的現在，那個提案中的預言都尚未成真。

雖然AI和機器學習系統能做像人類的事，例如用自然語言思考，但系統的智能和達特茅斯研討會中的許多與會者所想的不同。

提案中說到：「我們認為，如果一群精心挑選的科學家攜手合作一個夏天，有些問題就能有重大的進展。」

研究者天真地期盼能夠解決的「問題」，包括電腦模擬人腦、類神經網路、電腦使用語言，以及能自我改良的機器。

一份提案寫道：「目前電腦的速度和記憶體容量，可能不足以模擬人腦的許多高級功能，不過主要的阻礙並不是機器能力不足，而是我們無法寫出程式，徹底利用我們目前的優勢。」

人工智慧之冬

認為只要為1950年代昂貴又緩慢的電腦寫出聰明的軟體，就能做出人工智慧，實在大錯特錯。達特茅斯研討會的其他許多預測也一樣。

在1960和1970年代，電腦的能力不斷成長（價格則持續下跌），因此各界對人工智慧的興致依然高昂。但人工智慧領域卻無法做出任何接近真正的人工智慧（或是能了解語言或自我改進的機器），因此這個領域的研究經費在1970和1980年代縮水，導致所謂的「人工智慧之冬」。

1973年，英國國會委託教授詹姆

斯·萊特希爾（James Lighthill）爵士評估英國人工智慧研究的狀況。他在報告中批評人工智慧無法實現自己的「遠大目標」。萊特希爾寫道：「以這個領域目前所有的發現而言，完全沒產生當時承諾的重大影響。」萊特希爾的報告暗示，AI運算法無法處理現實世界的問題。這份報告導致英國的研究經費被砍，美國隨後也遭遇同樣的窘境。

在接下來的數十年間，對「人工智慧」的興趣將會死灰復燃，但不會再像達特茅斯的參與者那麼盲目樂觀，認為只要少數幾個科學家在新英格蘭共度一個炎熱夏天，就能解決創造人類智慧的問題。

機器哲學

麥卡錫之後對人工智慧的哲學發表看法，寫道：「像恆溫器這麼簡單的機器也可以說擁有信念，而擁有信念似乎是大部分能解決問題的機器擁有的特徵。」

麥卡錫對深藍電腦（Deep Blue）之類的系統大失所望。深藍這台超級電腦贏過了棋王加里·卡斯帕羅夫（Garry Kasparov，見117頁）。麥卡錫認為，AI研究太著重於只處理同一類問題，只是處理得愈來愈快。

麥卡錫在2011年過世，他的同事達芙妮·科勒（Daphne Koller）說，他晚年還是希望機器有朝一日能通過圖靈測試，而不是現代人工智慧狹隘而激烈的做法。「他相信人工智慧，也就是說，打造出來的人工製品真的能複製人類程度的智能。」

1960年

研究者：
約翰・查伯克 (John Chubbuck)

主題領域：
會學習的機器人

結論：
機器人能獨立「餵養」自己

機器能自己照顧自己嗎？

野獸如何學會餵養自己

雖然還要再等30年，NASA的火星旅居者號機器人才會探索另一個星球，但1960年代之初，馬里蘭州巴爾的摩的約翰斯・霍普金斯大學（John Hopkins University）就有專家在思考如何做出能自己生存的機器人了。

地點不是在火星表面，而是約翰・霍普金斯應用物理實驗室的走廊，環境遠遠沒那麼嚴酷。兩台機器人（野獸〔The Beast〕與費迪南〔Ferdinand〕）是以自己生存為目標來設計的。

「長相怪異的怪物」

「生存」的定義是：不迷路，不會因為任何東西而被卡住，並且確保自己電力充足。它們能靠自己達成這個目標，用感應器找到插座。記錄保持者是改良版的野獸，一位研究者說，它40個小時不用人力投入，最後是因為機械故障而停止運作。60公分高的（雙足）機器人靠著伸出一隻「手臂」沿著一道牆來探索世界，很像迷路的人類試圖穿過迷宮。實驗室的專家希望這些機器能成為基礎，有助於打造探索深海和太陽系其他行星的機器人。

約翰・霍普金斯的機器人學家約翰・查伯克後來也參與了設計把阿波羅任務送上月球的導引系統。查伯克口中的費迪南是「長相怪異的怪物」，認為控制費迪南的電晶體和微動開關是「模擬神經系統」。查伯克在示範

中證明了怪獸和費迪南能在混亂的辦公室環境中生存
（他笑著說「是非常雜亂的環境」），穿過門，
經過滿是椅子的辦公室。

　　兩台機器都配有感應器，因此能辨
識方向，找到牆上的插座來充
電。充電完畢，機器就能
切換到不同模式，再度出
發探索。

　　這些機器人有21種不同
的操作模式，包括睡眠、進
食、高速與低速，可以透過
面板來控制。野獸二號重45
公斤，寬度將近50公分，內部
有150個數位電路和伺服馬達，
因此能伸出插頭為自己充電。

學蝙蝠導航

野獸萬一卡在牆邊，就會切
換到「振動」模式來脫困。
為了「感覺」周圍的世界，野
獸有一系列微動開關，引導野獸
把充電插頭插進正確的地方。如果
第一次失敗，就會再試一次，然後切換
回導航模式，找其他的插座。它像蝙蝠一樣，
可以靠聲學導航，因此可以穿過走廊而不碰到牆壁，側
面的兩道波束能測量聲音傳回的時間，讓野獸維持在通
道的中央。

　　野獸靠著一個光學系統辨識分布在實驗室各處的壁
式插座黑色蓋板，但查伯克承認，野獸很容易把類似

形狀的東西（包括椅子腳）誤認成自己生存所需的充電面板。

費迪南和野獸雖然都能從辦公桌上控制，但這些機器其實完全獨立。話說回來，它們也和後來的機器人不同，無法從環境中學習。

倒也不是說沒有學習的成分。應用物理實驗室（Applied Physics Laboratory）在一支展示機器人能力的影片裡寫道：「雖然自動機沒有從環境中學習，但設計者卻從自動機學到了一些事。」研究者希望在機器人身上加裝更多感應器，建造可以在嚴苛環境中探索的機器人。

野獸常被描述成「準機器人」——是個自動控制系統，類似恆溫器與加熱器的經典結合。恆溫器設下達到特定溫度的「目標」，野獸的機載電器則設下了尋找充電點、為電池充電的「目標」。野獸身上沒有搭載電腦，也沒有程式語言。

興趣缺缺

約翰・霍普金斯的研究者羅納德・麥康諾（Ronald McConnell）寫信給《科學人》，聲明機器人雖然吸引了一些媒體關注（包括NBC一段簡短的特別報導），但政府機關（包括NASA）都毫不關心。他寫道：「ARPA（Advanced Research Projects Agency，國防先進研發計畫署）來過，不過在早期近地的載人太空飛行時代，ARPA對探索月球、火星或地球海中的機器人原型其實沒興趣。詹森車蠟（Johnson Wax）想知道地板打蠟機器人可不可行。」

今日，讓機器人可以靠自己找到充電板的類似系統已經成為掃地機器人這類裝置常見的功能了。就連本田的人形機器人艾西莫也有能力找到自己的充電器，而其他的「玩具」機器人（例如Anki Vector）也一樣。

機器人能做人類的工作嗎？

機器人如何讓製造業發生革命性的劇變

1961年

研究者：
喬治·戴沃爾（George Devol）

主題領域：
機械手臂

結論：
機器人讓製造業發生革命性的劇變

1956年的一場雞尾酒會上，兩位美國工程師聊著他們對科幻小說的共同興趣——尤其是以撒·艾西莫夫的機器人小說（其中有機器僕人），以及艾西莫夫為了避免機器人傷害人類主人而設計的「機器人三法則」。艾西莫夫在他的書中（包括《我，機器人》）描繪了一個遙遠的未來，和善的機器人和人類並肩工作。

其中那個名叫喬治·戴沃爾的工程師解釋，他為一個可編程的物品移動裝置（Programmed Article Transfer）的概念申請了專利。

另一個名叫約瑟夫·恩格爾伯格的工程師驚呼：「聽起來是機器人啊！」

恩格爾伯格取得了戴沃爾專利的授權，最後生產了Unimate，也就是最早用在生產線的機械手臂。類似的型號至今仍在使用。

這兩個人將永遠重塑製造業的世界。但他們合夥設計機器人、把機器人推給各家公司時，起初遇上了懷疑與不友善的態度。許多人根本不相信那樣的裝置可能存在。恩格爾伯格找了40家公司，最後才說服人投資這台機器。戴沃爾說：「想讓一般生意人了解機器人……他們

會以為你在說科幻小說之類的東西。」機器人的專利直到1961年才通過，那時兩人已經認識五年了。他們終於把第一台Unimate機器人賣給了通用汽車。第一台Unimate的「工作」是在通用汽車位於紐澤西尤英鎮（Ewing Township）的工廠抬起高溫的金屬零件並推放好。這對人類來說是危險又討厭的工作，但可編程的機械手臂輕而易舉就能完成。

搶工作？

Unimate 1900系列很快就開始大量生產，不久就有超過400隻機械手臂在美國上工。Unimate令全世界為之著迷，在電視節目《強尼・卡森秀》（The Johnny Carson Show）中把高爾夫球推桿入袋，還能倒啤酒。Unimate也試過彈手風琴，但沒那麼成功。卡森很驚歎，這機器「可能會搶走某個人的工作」。

Unimate可以編程，有個磁鼓儲存指令。裝置上沒有感應器，只能一再重複同樣的工作。

克萊斯勒和其他公司買下了更多Unimate（新的型號能處理焊接和噴漆等工作）。

這個科技在日本大受歡迎，幫助日本汽車業躍上世界舞台。

接下來的數十年間，日本和後起的中國熱中運用機器人技術。國際機器人學聯盟（International Federation of Robotics）表示，今日世界各地有270萬個工業機器人在

運作，而美國科學刊物《大眾機械》（*Popular Mechanics*）則將Unimate的機械手臂列入20世紀的50大發明。

熱狗與漢堡

1940年代，自學而成的戴沃爾發明了一款微波爐，稱這投幣式的機器為快速小子（Speedy Weeny），會送出調理好的熱狗。戴沃爾的妻子在家用他發明的類似機器來做漢堡。戴沃爾也發明了自動門，宣傳打的是幽靈守門人（Phantom Doorman）。戴沃爾一生中總共累積了40項專利。

戴沃爾之後接受《電腦世界》（*Computer World*）的訪問，說他自學的背景從未造成阻礙。「我總是踏進其他人也同樣一無所知的研究領域，」他說。「我無法得到任何資訊，只好自己來。」

恩格爾伯格與艾西莫夫

恩格爾伯格後來被稱為「機器人學之父」，不只是這門科技的先驅，還堅持不懈地倡導把機器人學應用在從醫院到太空探索的所有事情上。恩格爾伯格建議NASA在太空任務中運用自動作業，之後更是為醫院研發醫療用的機器人，他的醫院送件機器人HelpMate十分普及。

恩格爾伯格後來十分感謝艾西莫夫，因為艾西莫夫剛剛好在恩格爾伯格於哥倫比亞大學讀物理系時展開了他多產的寫作生涯，啟發了恩格爾伯格。恩格爾伯格自己的著作《實用機器人學》（*Robotics in Practice*）的前言是艾西莫夫寫的，再適合不過。小說家在前言中寫道：「機器人會取代人類嗎？當然，不過會被機器人取代的，都是機器人能做因此人類不該降貴紆尊去做的工作；那樣的工作不過是不用動腦的苦差事。人類可以找到更好、更有人性的工作——而且本該這樣。」

第5章：適者生存
1970-1998年

機器人能從生物身上學到新把戲嗎？1980年代，有些研究者開始認為，機器人的行為可以更接近動物（例如昆蟲），甚至人類。托托（Toto）這樣的機器人學會利用像老鼠的簡單「腦子」來探索環境，而研究者辛希亞·布雷齊爾開發了第一台「社交機器人」，會像幼兒一樣對情緒產生反應（也有像兒童般的需求）。

麻省理工學院的一個大水槽裡，一隻機器鮪魚不斷地逆流游

　泳，讓研究者了解真正的魚如何在水中推進（並設計新機器
去探索大海）。
　　而其他機器人則會面對人類的挑戰。本田經典的艾西莫
成為第一個能像人類一樣走路的機器人，一隊隊機器人足
球隊即將在2050年展開打敗頂尖人類足球隊的任務。1997
年，IBM那台櫥櫃大的深藍電腦贏得了一場棋賽，那場棋賽
將成為AI歷史——與人類歷史——的轉捩點。

沙基是怎麼想的？
沙基的導航為何改變了世界

1970年

研究者：
查爾斯・羅森（Charles Rosen）

主題領域：
能導航的機器人

結論：
可以導航、自行處理障礙的機器人

今日，由於每支智慧手機都有內建谷歌地圖之類的應用程式，我們大多依賴電腦告訴我們路怎麼走，而且習慣成自然。

但電腦導航在1964年還是個劃時代的概念。當時加州門洛公園市（Menlo Park）史丹佛研究中心（Stanford Research Institute）的機器學習組主任查爾斯・羅森向美國國防部的研究部門ARPA提出了這個概念。

可以靠自己抵達目的地的機器人一直以來都只存在於科幻小說裡。羅森為了爭取經費，暗示機器人能「執行偵察任務」，這樣的任務通常需要人類智能。ARPA有興趣，於是在1966年贊助了這個計畫。

研究者推測，軍方希望這種科技可以研發出能計算中國戰車數量的機器人。那個願望從未實現，但從許多角度來看，沙基倒是比以往的任何機器都更接近今日大多數人對「機器人」的理解。

沙基激起了以機器人與人工智慧為主題的公開辯論，成為媒體上的代表性人物，就像後來的機器人（例如艾西莫，見127頁）也憑著各自的條件出了名。

《紐約時報》寫道：「在這座愜意加州城鎮上無菌無窗的實驗室裡，一台笨拙的自動機正像嬰兒開始學步似地學習自己執行複雜的任務。按它的工程師『父母』所說，它還是『很笨的機器』，只會在一個充滿障礙物的房間裡從一個點到達另一個點，對環境的『意識』

十分薄弱。」《紐約時報》把沙基比喻成靠自己學習的「嬰兒」，《生活》雜誌則稱之為「第一個電子人」。

　　宣傳影片裡，機器人團隊說：「我們的目標是讓沙基擁有一些和智能相關的能力，例如計畫和學習。我們研究的主要目的，是學習如何設計這些程式，讓機器人能用於各式各樣的事務，包括太空探索和工業自動化。」

紅與白的世界

沙基能用攝影機來「看」，用觸鬚感應器來「感覺」，自己在實驗室中導航，實驗室中用零散的柱狀物組成迷宮，很像兒童的安全遊戲區。沙基世界中的一切都漆成白色或紅色，讓機器人的單色視覺能把景物看得更清晰，又能反射夠多的光線，讓機器人的雷射測距儀得以發揮功效。

　　機器人會用無線電和研究者通訊，用一組馬達控制的輪子移動。機器人還有推杆，能移動面前的障礙物。沙

基背後的一個研究者彼得·哈特（Peter Hart）說，它只是個「裝了輪子的電子器材」。

但沙基是第一台能感知、能做計畫的機器人。沙基獨特能力的關鍵在於它的「思考」並不是發生在那個洗衣機大小的裝置裡，而是連接到一台重達幾公噸的PDP-10電腦，負責處理感應器傳來的數據，把指令送到馬達，移動輪了。

航位推算法

這個機器人是按「航位推算法」（dead reckoning）來運作，也就是靠計算輪子轉動了幾圈，但也能驗證，用攝影機「看」自己在哪裡，為它身處的實驗室建立簡單的地圖。沙基能對簡單的指令做出反應，例如「翻滾」、「傾斜」，也能奉命「去」實驗室裡的特定位置。這台機器人是靠電傳打字機（teletype，一種電動機械鍵盤）來下達指令，透過陰極射線管（老式的電視）來展示自己做的事。

不過沙基的特別之處是它有能力處理意外的阻礙。在影片中，「小精靈查理」（Charlie the Gremlin）──也就是戴著帽子的查爾斯·羅森──在機器人面前放了一個盒子，代表意外事件。結果沙基「看到」盒子，評估那是什麼，然後修正計畫而繞道，從不同方向緩緩向目標移動。研究者可以在螢幕上「看見」機器的思考。

沙基靠著STRIPS（Stanford Research Institute Problem Solver，史丹佛研究中心問題解決系統）計畫軟體來處理推動障礙物和撥動電燈開關這類「任務」。計畫參與者尼爾斯·尼爾森（Nils Nilsson）說：「如果小精靈查理來搗亂，『STRIPS』就能擬定新的計畫。這個程式在當年真的很複雜。」

沙基能在環境中找出特定的地點（環境由七個相鄰的房間構成）。沙基也能按人類研究者的指示找到指定的

箱子，用推杆把它們分成一堆堆（同時避開路徑上的障礙，不論那些障礙是環境的一部分，還是小精靈查理設置的）。

轉吧轉吧

但這個機器人確實有它古怪之處。彼得·哈特說：「有時沙基會停下手邊的事，開始360度原地旋轉。」這樣的行為一開始令科學家大感困惑。不過哈特解釋：「我們查了程式碼，發現有個用來鬆開電線的程序。」機器人原本連著一條長長的電線，所以有鬆開自己的程式。

ARPA最後取消了這項計畫——尼爾斯·尼爾森說國防部的說法是「別再弄機器人了」——但沙基的導航與計畫方式衝擊了往後50年的機器人，影響了從電玩遊戲到火星探測車的各種事物。

開發來幫助機器人通過色彩鮮豔的積木迷宮的計算法，至今仍用在自動駕駛車的軟體中，而你問手機開車路線時，手機也會用到為沙基設計的演算法。

比爾·蓋茲說：「軟體追求的終極目標是人工智慧，可能是單純的軟體能力，或實際的機器人能力。回到60年代，史丹佛研究中心有他們的機器人——沙基。我記得我看到沙基時說：『我想研究那樣的東西——然後大大改良它』。」

沙基現在「退休」了，在加州山景城（Mountain View）電腦史博物館（Computer History Museum）的一個玻璃罩下展示。

1987年

研究者：
約翰・阿德勒 (John Adler)

主題領域：
放射手術

結論：
用機器人治療癌症已經拯救
了數以千計的性命

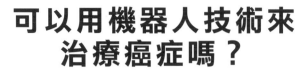

可以用機器人技術來
治療癌症嗎？
電腦刀放射手術

約翰・阿德勒醫師說，他把電腦刀放射手術系統的開發
過程當成腦部手術來處理——而且沒有一件事情順利。
他必須逼自己保持樂觀，一步一步來。不過打造電腦刀
的過程，卻遠比任何腦部手術都要漫長。

　　阿德勒是美國的神經外科醫生，提出了自動化放射
手術裝置的設計。他知道他在史丹佛大學的同事認為
他提出的設計不會有結果，而且稱之為「阿德勒的蠢
主意」。

　　接著，當他把這個概念推銷給創投業者時，裝置的大
小令他們震驚（有2公尺高），而每個要價350萬美元。

阿德勒說：「沒人真的相信它符合成本，或治療效果更
好。他們聽而不聞。」

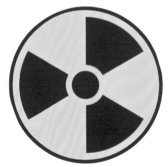

機器人外科醫生

不過電腦刀將會拯救數以千計的性命，基本上
改變了一些癌症的治療方式。目前世界各地共
有數十家醫院和醫學中心有這台設備，屬於機
器放射手術系統，能捕捉病患受治療時的體內
影像，因此電腦刀手術極為精準，從幾個角度
發射輻射，甚至能處理通常無法治療的腫瘤。

　　這台機器的直線加速器（linear　accelerator，linac）
直接安裝在機械手臂上，發射出放射治療用的高能X光
或光子。它甚至能和病人的呼吸同步，確保輻射照在適
當的地方。

　　但早在1987年，阿德勒剛剛想出這概念時，做出電

腦刀的科技幾乎還不存在，開發這個裝置的過程宛如
噩夢。

1985年，阿德勒在瑞典擔任研究員時，受到拉斯・拉
克塞爾（Lars Leksell）教授啟發。拉
克塞爾發明了放射手術，開發出伽馬
刀（Gamma Knife）這種裝置。伽馬
刀看上去有點像中世紀的刑具，用金
屬框固定病人的頭部，引導射束。

拉克塞爾自己的想法受到反對，但
他相信傳統手術之外一定有別的選
擇。他說：「要處理人腦時，外科醫
生用的工具必須有所調整，愈精密愈
好。」

伽馬刀用起來很笨重，架設也很耗
時。但是它有效。阿德勒看過病患在
治療的兩天後走出醫院，沒有疤痕，
他說他意識到這是未來趨勢。阿德勒
的概念是利用機器人學這個新興科
學，進一步改良伽馬刀。但最後花了
20年才成為商業現實。

更進一步

阿德勒自己的電腦刀細節是他回美國
之後和史丹佛的工程師研究出來的，
由軟體引導，有靈巧的機械手臂在病
患身上遊走，射出精準的輻射。至少
理論上是這樣。

系統的早期測試並沒有立即成功。
一名有腦瘤的年長女性用無框的裝置
治療，但軟體有錯誤，因此手術幾乎
持續了整個下午。阿德勒承認：「有

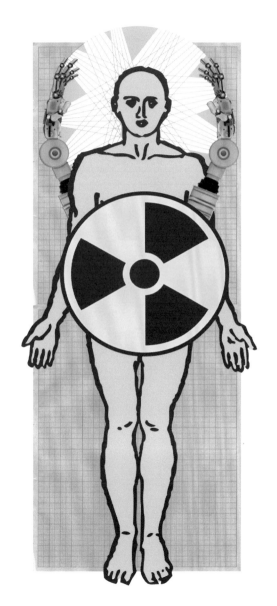

框的放射手術應該會簡單很多。但我們至少走出了臨床的第一步。」

可惜的是，那位女性不久就過世了，沒活到再做MRI掃瞄追蹤。她的死因不明。

阿德勒面對的技術問題十分龐大，他與工程師並肩奮鬥，解決錯誤。電腦刀早期，史丹佛只架設了一台，一個月只治療一名病患。

生長痛

之後，阿德勒創立了Accuray這間公司來為電腦刀行銷，這家公司也經歷了一連串的災難。1994年的耶誕節，一名可能的買家退出。隔年初，公司的資金耗盡，三分之二的員工遭到解雇。

1999年，阿德勒接任Accuray的總裁。他說：「大家都在吵架，很難看。我們沒有錢，人人彼此厭惡，我們的客戶也討厭我們。我們實在走不下去了。」但大約就在那個時候，美國食品藥物管理局（Food and Drug Administration，FDA）先是核准了電腦刀用於腦部腫瘤，接著又核准用於身上其他部位的腫瘤。

Accuray慢慢地找到也留住了客戶，繼續發展新系統，賣給世界各地的醫院。現在，大家普遍認為是阿德勒開創了影像導引放射治療（image-guided radiation targeting，IGRT）這整個領域。

最新的電腦刀S7能即時和病患的動作同步，能從幾千個不同的角度射出輻射，精確度達到次毫米，不需要人類外科醫生控制。

電腦刀至今已經在世界各地治療了超過10萬名病患。一般來說，機器人愈來愈常用於手術，尤其是「微創」手術和鎖孔手術（keyhole surgery）。而其他科技公司也在研發進行遠距手術的機器人，讓遠在另一塊大陸的病患也能接受手術。

機器能從自己的行為中學習嗎？

托托如何幫助機器「學習」

1990年

研究者：
瑪雅・馬塔里奇（Maja Mataric）

主題領域：
行為機器人學

結論：
機器人能用老鼠一樣的腦子來導航

機器人的控制系統能不能幫助機器人建構周遭的地圖——就像老鼠在腦中建立地圖那樣？機器人學從來不曾達成這樣的事，不過麻省理工學院在1990年代初建造的機器人托托（Toto）不只能自己為一個地區「畫地圖」，還能再訪先前的地標，導航的方式類似實驗鼠在迷宮中的做法。

托托由機器人學家瑪雅・馬塔里奇打造，是「階層」控制系統，因此能同時擁有「原始」指令階層，能隨機在環境中來去、避開障礙，還能加上更複雜的指令。機器人遊蕩時，會用聲納和羅盤為周遭建立地圖，接著回到之前去過的地方（而且能透過外部的按鈕接受命令）。馬塔里奇說托托「穿越迷宮時，腦子有點像老鼠。」

由下而上的機器人學

托托是魯尼・布魯克斯（Rodney Brooks）在麻省理工學院倡導的「行為機器人學」的一例（魯尼・布魯克斯後來研發了Roomba掃地機器人，見136頁）。布魯克斯提倡行為系統的概念，也就是讓機器人的行動遵照一系列簡單的「行為」（例如遵守界限或避開凌亂的區域），又稱為「由下而上」的機器人學。布魯克斯說，他的做法受到昆蟲啟發。昆蟲雖然沒有特別聰明，卻能迅速做出決

定。以行為為基礎的機器人先行動再思考，因此雖然沒有太多預編程的行為（或智能），卻能探索、達成目標。所以托托才能找到出路。

托托和其他以行為為基礎的機器人一樣，行為被分層，較高階層會駁回較低階層（例如引導托托到之前去過的一個地標）。

迷宮中的老鼠

用這個系統建造的機器人雖然簡單，卻能做出相對有智能的行為，處理問題的方式時常常像昆蟲（托托則是像老鼠）。

以托托而言，這個系統讓機器人得以畫出它探索的實驗室環境。托托認出的「地圖」，只是托托事先在某些區域畫的地圖。

如果托托走直線，很久都沒碰到障礙，就會把那裡標示成走廊。如果偵測到一面牆，就會標示成「右手邊的牆」或「左手邊的牆」。如果在凌亂的區域遊蕩，就會把那裡標示成「凌亂的區域」。

當托托的地標偵測階層偵測到地標時，有關它的描述會傳到托托所有的地圖行為。如果有一個吻合，那麼那個行為就會啟動，意思是托托知道自己在地圖上的什麼地方。這統也同時會傳送抑制行為給其他區域，因此只有一個區域會啟動，讓托托更確定自己的位置。

如果沒有符合的地標，控制系統就會「創造」新區域，讓托托探索那個宛如迷宮的世界。托托會根據地

圖，設法預測接下來會遇到的地圖區域和行為——如果沒錯，機器人就能更加確定自己在正確的地方。

我們人類要知道自己在哪裡很容易，尤其是我們每天經過的環境，例如自己家裡或辦公室。但對機器人而言，那卻是非常艱難的挑戰。

探索世界

托托有能力知道自己在哪裡，表示它也能導航到之前去過的地標。要達成這個目標，研究者要定義一個目標地標，那個地標的訊號會傳給地圖上附近的行為，直到達到托托實際所在的行為（也就是托托真正的位置）。托托接著過濾指令清單，直到找出最短的清單，也就是到達目標地標的最短路徑。

馬塔里奇在她2007年的著作《機器人入門》（*Robotics Primer*）中寫道：「托托除了去特定的地標（例如特定的走廊），也能找到擁有特定特性而離它最近的地標。比方說，假設托托要找到離它最近的右邊牆面。為了找到那面牆，地圖上所有右邊牆面的地標都會開始傳送訊息。於是托托循著最短的路徑，抵達地圖上離它最近的右邊牆面。」

托托的導航很簡單，因此即使把它拿起來、放到不同的區域，它也能找到最短的路徑——這樣的能力有可能完勝更複雜的機器人。馬塔里奇相信，托托機器人在探索中「學習」、內化地圖的方式，類似老鼠熟悉環境的方式。那樣以行為為基礎的機器人不需要複雜的編程就能達成複雜的目標，例如導航到某個目的地。

馬塔里奇後來繼續開拓照顧長者和病患的社交機器人學，行為為基礎的機器人的概念至今影響深遠，自1980年代以來，已讓許多便宜的機器人（例如掃地機器人）發揮功能。

研究者：
辛希亞・布雷齊爾（Cynthia
Breazeal）

主題領域：
社交機器人學

結論：
機器人能和人類建立情感
連結

機器人能表達情緒嗎？

KISMET與社會智能

一個女人對著一顆機器人頭說：「不不不，這樣不妥。」機器人垂著頭，顯然很羞愧，連耳朵也垂了下來，好像真心懊悔似的。它看起來像動畫人物，也許出自皮克斯電影。但現場並沒有特效——那顆頭就是個機器人。

機器頭（Kismet）是機器人學家辛希亞・布雷齊爾在麻省理工學院一間實驗室裡設計的，她說她在處理NASA的旅居者號探測車時受到啟發，而去研究「社交機器人學」。布雷齊爾的重點不是機器人如何從甲地移動到乙地，而是想研究讓人類能自在地與機器互動的機器人。

布雷齊爾的雙親都是科學家，她相信大部分機器人學家都不曾思考過社交機器人學的事。她小時候寫過一篇短篇故事，裡面有個有感情的機器人，她對「社交機器人」的興趣正是從這裡開始的。她對這種機器人的概念，受到了虛構機器人（包括《星際大戰》中R2-D2和C3-PO）的啟發。

布雷齊爾說：「世上有人、有寵物、有心智、思想、信念和情感，而機器人應該要能和這些互動。如果建造一個機器人，讓它擁有社會和情緒智能，最後能和人類合作事情，那會是什麼情況？」

親切的機器人

今日，我們大多不假思索地和社交機器人（例如Siri和Alexa）交談。從銀行業務到訂披薩，模仿真人說話和行動的那種「機器人」變得無所不在。跟機器人和Siri那樣的AI助理對話時，大多數人甚至預期它們表現情感、使

用口語化的詞彙。

　但布雷齊爾指出，在Kismet之前，機器人學家都沒有認真面對機器人需要處理思想、信念和情緒，或機器人需要某種社會智能的這個事實。

　布雷齊爾和她的團隊用來設計Kismet的方式很獨特。Kismet沒有預編程，而是像人類嬰兒觀察父母那樣學習。

　Kismet不真的理解語言，但能解讀說話者的意圖。Kismet也不是真的會說任何可理解的語言，而是發出像說話的嘟噥聲。布雷齊爾希望這個機器人會透過雙親用在幼兒身上的那類誇張姿態來學習，而且也那麼回應，向對自己說話的人做出反應。

栩栩如生

結果得到的機器人似乎有某種程度的社交智能，能像生物一樣做出反應。機器人透過攝影機和麥克風感知世界，靠著馬達來反應，頭、耳朵和嘴唇可動。

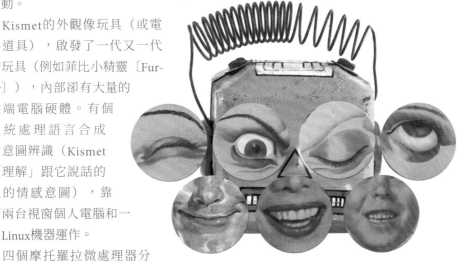

　Kismet的外觀像玩具（或電影道具），啟發了一代又一代的玩具（例如菲比小精靈〔Furby〕），內部卻有大量的尖端電腦硬體。有個系統處理語言合成和意圖辨識（Kismet「理解」跟它說話的人的情感意圖），靠著兩台視窗個人電腦和一台Linux機器運作。

　四個摩托羅拉微處理器分別處理感知、動機、動作技能

和臉部活動，另一個系統則由九台個人電腦連成網路，進行視覺處理和眼部、頸部控制。

簡單來說，機器人處理影像和聲音，尋找事物而做出反應（例如語調，或有沒有人看著它），然後將這資訊提供給一個關注系統，引導Kismet注意某件事物。

如果偵測到人類，就有各式各樣的情感，從快樂到厭惡，還有無聊等種種反應。許多反應是為了「控制」和它互動的人類而設計的——例如如果有人離Kismet的攝影機太遠，Kismet就會發出「呼喚」的聲音，誘使人類靠近。

機器人的欲望

但這個機器人也有自己的需求。一台連接Kismet的電腦用條狀圖顯示Kismet的三個「驅力」（社交、刺激與疲倦），每一種驅力都帶附帶了「需求」，而Kismet會設法滿足。如果寂寞了（社交驅力高），就會尋求人類互動。如果無聊或需要刺激，就會盯著玩具，希望有人幫它拿過來。疲倦了，就想休息。

這一切運算能力的結果，就是Kismet（這顆分離的頭）可以「直覺知道」情感，並根據自己的情感做出反應。「驚訝」的時候，機器人會豎起耳朵，張開嘴。「厭惡」的時候會抿緊嘴巴。難過的時候，耳朵會垮下來，嘴巴則誇張地扭曲。

布雷齊爾後來開發了其他的「社交」機器人，包括一個飲食與運動教練機器人，而「遙現」（telepresence）機器人則讓人「把擁抱送到千里之外」。布雷齊爾也成立了社交機器人公司：Jibo。

布雷齊爾認為，這世界的「社交機器人」即將在家家戶戶成為稀鬆平常的存在。「隨著行動計算發展，感應器、處理器和無線通訊的成本下跌，家用服務機器人會成真。社交機器人不會取代人類網路，而是補充、強化這個網路。」

機器人能在水中游泳嗎？

機器鮪魚如何幫助我們探索大海

人類為了水中推進而設計出一個系統，其實是在和魚類比賽，因為魚類的身體是1億6000萬年的演化「設計」出來的。麻省理工的教授麥可・特里安塔菲羅很好奇，既然如此，為何沒人試圖取法魚類在水中游動的方式？

麻省理工建造機器鮪魚（Robotuna）時，那還是世上獨一無二的機器魚。從來沒人試著模仿魚類的動態。因為鮪魚的速度，團隊決定把他們的第一隻機器魚做成鮪魚。鮪魚演化成可以高速穿過海浪，特化的體型讓一些種的鮪魚能游到時速69公里。黑鮪魚可以長到3公尺長，比一匹馬還要重。

麻省理工學院說他們的工作類似「反向工程」，團隊試圖模仿黑鮪魚的速度與動作。機器人在巨大的魚缸裡游泳，連接到魚缸中的支柱上，靠線路回饋資訊給它的創造者。它被暱稱為查理。

臨淵羨魚

查理擁有鋁製的骨架，裝有40根聚苯乙烯的肋骨，包在網狀泡沫與萊卡製成的皮膚裡，有助於讓查理在水中游得更順暢。查理和先前人類設計的所有水中載具不同，推進的方式不是槳、船帆或推進器……而是魚鰭。

這個機器人有大約3000個零件，身體隨著指令，用六個兩匹馬力的伺服馬達收縮。馬達連到查理體內一個不鏽鋼的纜線系統，類似肌肉與肌腱。

在查理的體外，機器人肋骨上裝置的力量感應器提供回饋，讓機器人即時調節動作。這台機器每週在麻省理

1993年

研究者：
麥可・特里安塔菲羅
（Michael Triantafyllou）

主題領域：
機器人推進

結論：
機器人模仿動物，就能游得又快又有效率

工學院的拖車水槽裡游幾次，研究者量測查理的回饋，有史以來第一次成功理解鮪魚是怎麼游泳的。查理的資料，讓研究者得以想像推動水中載具的新方法。

渦流大師

研究者發現，控制水中的漩渦（或渦流），對魚類游泳方式有關鍵的影響（和此前的人造載具推進方式極為不同）。鮪魚推進的方式是操縱水中的漩渦，靠著擺動尾巴來產生自己的漩渦。

特里安塔菲羅教授當時寫道：「目前的科技以盡量減少穿過水中時形成的渦流為目標，因為渦流會造成嚴重的拉力，減慢載具的速度。魚反而刻意產生這些漩渦，加以利用。我們對機器鮪魚做的正是這樣。我們想產生漩渦，又想控制漩渦。」

研究者用一種「遺傳演算法」讓查理的游泳系統「演進」，選出表現得愈來愈好的程式。久而久之，查理逐漸能夠控制漩渦，（在某種程度上）複製現實中鮪魚猛然加速的能力（不過還是拴在麻省理工水槽裡一支竿子上）。

探索深海

研究者希望查理的科技能用於未來反應靈敏的水下載具，為在極端環境下運作而設計。特里安塔菲羅說：「探索海底熱泉時，幾呎內的水溫波動可能高達攝氏100度。所以我們需要有彈性的系統，極為迅速地對意料之外的情況做出反應。目前的自動化水中載具（autonomous underwater vehicles，AUV）並沒有那種危險情境所需的速度和敏捷度，所以許多都因為無法預期的情況而陣亡〔……〕機器鮪魚可以探索目前由笨拙傳統推進器驅動的AUV負責的區

域，把風險降到最低，並探勘之前認為太危險的新區域。」

　　機器鮪魚的突破鼓舞了世界各地的實驗室建造出許許多多的機器魚——麻省理工學院做出了機器梭子魚（Robopike），想了解現實中梭子魚猛烈加速的情形，並研究英國動物學家詹姆斯・葛雷（James Gray）在1936年提出的格雷悖論（Gra's Paradox）——海豚的肌肉似乎不多，如何能游得那麼快。繼機器鮪魚查理之後，又做出了數十隻其他的機器魚。

　　2009年，麻省理工學院的研究者做出了新一代的機器魚，比機器鮪魚小很多，長度不過13到46公分，材料都是柔軟的聚合物，就算長時間浸泡在水中也還是能抗腐蝕。

　　機器鮪魚有數千個零件，這種魚卻只用十個零件拼成，每條幾百美元，有些公司有興趣用這裝置進行水下測量與勘察。這個概念是把幾百個比較便宜的裝置丟進海灣或海港裡，測量數據。

　　魚很容易被人類嚇跑，所以機器魚也能讓人類觀察動物，不被動物發現。一個麻省理工學院的團隊做出了一隻軟體機器魚，在斐濟的珊瑚礁之間跟著真魚游動……而且沒有被識破。

1997年

研究者：
北野宏明等人

主題領域：
機器人挑戰

結論：
2050年機器人球隊可望打敗
最厲害的人類球隊

誰比較會踢足球？

機器人世界盃（RoboCup）的目標

2050年，一隊機器人足球隊員將會打敗地表最厲害的人類球隊，把足球也加進機器永遠贏過人類的人類事務清單（清單上還有西洋棋，見第119頁）。至少理論上是這樣。

機器人世界盃的官方目標是：「到了21世紀中期，一隊完全自動化的人形機器足球隊員將會遵守國際足球總會（FIFA）的規則，和最近一場世界盃冠軍隊踢一場足球賽，並且贏得勝利。」

打從1990年代初，機器人專家就認為試圖打造一支可以和人類交手的機器人足球隊，也許會是一個有用的「大挑戰」。光是讓機器人在球場上辨識方向就很難了，更不用說團隊合作，打敗技術高超的人類球員，所以這確實是個十分艱難的挑戰。這個構想一開始只限於日本，結果吸引了世界各地的廣大關注，因此整個開放，於是機器人盃就這麼誕生了。

瞄準目標

機器人世界盃剛開始時，很難想像球場上的機器人「足球員」有能力面對嚴峻的挑戰，對上最優秀的人類球隊。就連碰到球都很勉強，更不用說繞過防守或瞄準目標了。

1997年，北野宏明等專家創立了機器人世界盃。北野是索尼的研究科學家，曾經參與研發索尼經典的機器狗——愛寶。而因為機器人世界盃的緣故，一隊隊人工智慧與機器人研究者飛到日本名古屋，在幾個不同的聯賽中較量才智（聯賽以機器人的尺寸和能力區分）。競爭者的一個啟發，是1997年5月深藍電腦在西洋棋上贏過了加里·卡斯帕羅夫（見第119頁）。

機器人世界盃規則很簡單。機器人必須完全自動化——人類不能從邊線控制，其實開場的哨音吹響之後，就不能再有人類互動。北野說，在第一場機器人世界盃上，草地上有兩隊機器人，靠著感應器俯視著它們的球場，只有微微移動。一名記者問他比賽何時會開始。北野說：「五分鐘前就開始了！」

機器花了幾分鐘辨別方位，搞懂接下來要做什麼。早期的另一場比賽中，一隊「踢贏」的原因是只有它們碰到球。

狗狗上場

在機器人科技的演變中，愛寶狗曾經參與聯賽，促成了機器人世界盃的「四足」聯賽。但隨著年度競賽持續進行，眾多小聯賽也開始比較像人類的足球了。

近年來，大約有200個Nao人形機器人在機器人世界盃中踢過球，機器人能傳球，甚至能門前救球（雖然過程

中不斷跌倒）。

Nao機器人參與的是機器人世界盃標準平台聯賽（RoboCup Standard Platform League），每一隊用的都是同樣的機器人。

對外行的觀眾來說，機器人世界盃或許像怪異的追逐，但聯賽為機器人學帶來了一些重大突破。熱中機器人世界盃的彼得・史東（Peter Stone）教授說，機器人世界盃的意義是把AI的幾種挑戰整合在一起。他說：「機器人能走得快還不夠；如果不能準確地看見球在哪裡、推敲出那是在球場上什麼位置、和隊友協調，就沒用。」

救人一命

有一些救援機器人最早是機器人世界盃的選手（合作得分的機器和協力在碎石堆裡尋找生還者的機器之間有一些共通點），而如今已經有了一個救援機器人聯賽，專門測試機器人在搜索救援任務中的能力，是機器人世界盃的眾多小聯賽之一。

機器人世界盃也促使人類建造出價值好幾億的機器人。美國企業家米克・蒙茲（Mick Mountz）想徵召移動式機器人的專家來創業，讓倉庫機器人自動化，於是請來了麻省理工學院的專家兼機器人世界盃狂熱者拉菲羅・安德烈（Raffaelo D'Andrea）。他們設計的Kiva機器人踩著碎步，顯然遠比從前用輸送帶、堆高機或人類從架上揀取商品的系統有效率多了。2012年，亞馬遜以7億7500萬美元買下Kiva系統，今日有20萬台機器人在亞馬遜的倉庫裡工作。

2020年的機器人世界盃因為新冠肺炎大流行而取消，但近年來機器人的表現已經大有長進，人形機器人聯賽的優勝隊伍已經和人類對手打過表演賽了。它們還沒踢贏過——但機器人還有30年可以達成目標。

電腦如何在棋賽中獲勝？

深藍讓我們更了解智能

1997年

研究者：
許峰雄與莫瑞・坎貝爾
（Murray Campbell）

主題領域：
人工智慧

結論：
深藍電腦打敗了加里・卡斯帕羅夫，成為地球上最厲害的棋士

1997年，世界各地有數百萬人看著俄國西洋棋大師加里・卡斯帕羅夫與IBM的深藍西洋棋電腦對弈，目睹了世界頂尖的棋士輸給兩座6呎高、重1.4公噸的塔，裡面是好幾百個電腦處理器。六局棋中的最後一局，卡斯帕羅夫放棄了，他無奈地舉起雙手，怒氣沖沖地離開了棋桌。

這是人與機器的重大戰役。深藍打敗卡斯帕羅夫時，就連開發者也很意外，他們原本預期頂多是和局。其他專家原本預測，機器還要很多年才能打敗人類棋士。

卡斯帕羅夫指控IBM作弊，他說深藍的某些棋步只可能是人類大師的手筆。

不過深藍的勝利不只是有象徵意義，更為我們運用人工智慧來分析大量資訊的創新做法打下了基礎。這對金融、醫藥到智慧手機上的應用程式等等一切都有重大的影響。

「轉捩點」

1985年，卡斯帕羅夫以僅僅22歲之齡成為最年輕的世界西洋棋冠軍。十年後，他將二度對上深藍。卡斯帕羅夫對面坐的是深藍的開發者——IBM工程師許峰雄，負責在實體的棋盤上下出深藍算出的棋步。

1996年，雙方初次交手，卡斯帕羅夫就輸了他對深藍那六局棋中的第一局。後來卡斯帕羅夫形容那一刻是

「轉捩點」，是電腦首次在計時賽中打敗現役冠軍。卡斯帕羅夫後來扭轉局勢，贏了電腦，成績是四比二（二勝、一負、三和）。

但在一年後的1997年5月11日，深藍在紐約一場再度挑戰中贏了。電腦二勝，卡斯帕羅夫一勝，三局和棋。卡斯帕羅夫要求看電腦的記錄檔，要求複賽，但深藍已經遭到拆解，退休不再下棋了。IBM事後公布了記錄檔，顯示「機器中的人」顯然不存在。這是人工智慧研究的一個關鍵時刻。

機器興起

自從1940年代末、電腦年代之始，研究者就一直心心念念想讓電腦下棋打敗人類。西洋棋有嚴格而固定的規則，因此他們深信西洋棋是測試機器「智慧」能力的理想嘗試。

第一台下棋計算機誕生於1970年代。大學裡，研究者讓愈來愈強大的客製化機器和最優秀的人類棋士對弈。

深藍背後的團隊研究下棋電腦已經十多年了，許峰雄在卡內基美隆大學（Carnegie Mellon University）做了一台下棋電腦——ChipTest。1989年，IBM研究院（IBM Research）雇用了許峰雄和他的同學莫瑞‧坎貝爾。IBM研究院和世上其他幾個團隊都在爭相打造世上最強大的下棋電腦。

深藍團隊尋求一些西洋棋大師的幫助。他們既是機器的「陪練夥伴」，又用人類棋士的開局來幫助深藍預編程序。不過深藍的「超能力」是分析好幾百萬的局面，計畫到最多40步以後的情形。深藍是超級電腦，有30個處理器和480個為電腦下棋而設計的晶片。加速晶片評估

可能的結果，幫深藍選擇最佳棋步。

窮舉法

人類下棋，靠的是直覺和辨識模式。機器下棋，則是搜索數百萬的可能性，單純靠著計算能力來贏。卡斯帕羅夫第一次對上深藍和複賽之間的那一年裡，深藍的處理能力翻倍了。1997年，卡斯帕羅夫第二度坐下來和深藍對奕的時候，這台機器是地球上第259強的超級電腦。

「新」深藍機器每秒能分析2億個局面。這種做法稱為「窮舉」，也就是電腦透過單純的猜測能力來解決問題。和深藍對奕的大師，形容深藍「像一堵牆朝你而來」。

深藍的勝利激勵了研究者開發超級電腦，用類似的技術來分析大量金融和醫藥資料，挑出有潛力的分子，讓研究者發展新藥，包括HIV的療法。今日，事事背後都有「大數據」（用電腦快速分析大量資訊、尋找模式），包括全球金融系統、約會程式，甚至網路購物。

人類棋士和電腦耗時已久的「軍備競賽」，也突顯了人類和電腦解決問題的方式大相逕庭。莫瑞・坎貝爾說，團隊學到的一個關鍵教訓，是複雜的問題常常有好幾種解決辦法，像是深藍用窮舉法，卡斯帕羅夫靠直覺。研究者相信，最有效的辦法是人和電腦攜手合作。今日的醫護領域中，人工智慧系統用於觀察病患數據中的模式，人類則處理診斷和治療。

深藍現在展示在華盛頓特區的史密森學會，今日智慧手機和個人電腦的應用程式都已經是比深藍更高竿的棋士了。在那場標誌性比賽之後的幾年間，卡斯帕羅夫寫了各種和人工智慧相關的文章，他如今已相信機器在所有智能領域獲勝「只是早晚的事」。

第6章：居家機器人
1999-2011年

千禧年之前，機器人主要限於科學實驗室、科技展場的舞台和大型工廠，數以千計的機械手臂在工廠中孜孜不倦地工作。但打從新世紀的頭幾年，機器人就開始迅速入侵人類的生活（和家園）。索尼的機器狗愛實推行了「機器寵物」的概念，簡單而低科技的Roomba掃地機器人售出了幾百萬台。

　而加州的一條起跑線上，數十輛汽車在一場無駕駛賽車中對決，不准任何人類干預。在那場賽車的碰撞和火焰中，自動駕駛這個全新產業就此誕生。

　日本一個開拓性的機器人外骨骼，能讓癱瘓的人恢復行動。NASA的機器人將探索太陽系，世界各地的人都會因為「機會號」火星探測車「死」於一場沙塵暴中而哀悼。

1999年

研究者：
土井利忠與藤田雅博

主題領域：
機器寵物

結論：
機器寵物是很棒的寵物（可惜很貴）

機器寵物能取代我們的寵物嗎？

為什麼人人愛愛寶

日本有數百隻機器寵物愛寶的喪禮辦在佛寺，僧侶穿著袈裟頌經，為塑膠裝置的靈魂祈福，那些裝置配備了炯炯有神的眼睛（至少活的時候是這樣）。愛寶推出後20年，這裝置的粉絲對機器狗仍然真心摯愛，有個美國人擁有24台。也有人讓他們的機器狗穿上客製的衣服，或談到那塑膠機器如何幫他們面對憂鬱症（或失去真狗的失落）。

索尼在1999年推出愛寶，並稱之為世界最早的居家娛樂機器人。有些人希望愛寶成為類似索尼從前的Walkman隨身聽或PlayStation那種大紅大紫的關鍵產品。愛寶趁著全球媒體都大肆炒作時推出，雖然標價一隻2000美元，第一批3000隻還是短短20分鐘內就銷售一空。

四腳朋友

愛寶立刻掀起一股狂熱，推出之後很快就收到13萬5000筆訂單。索尼原本把愛寶視為研究計畫的一部分，只是想更了解機器人學，對爆量的需求毫無準備，所以只做了1萬隻。

人工智慧機器人過度超前時代了。索尼吹噓愛寶是獨一無二的電器類型，在一個愛寶的專門網站上銷售，和使用者密切交流。索尼寫道：「愛寶ERS-110是自動化機器人，既能對外界刺激產生反應，也能根據自己的判斷來反應。愛寶能表達各種情感，透過學習而成長，和人類交流，為家庭帶來全新形態的娛樂。」

愛寶（アイボ）是日文的「同伴」之意，但也是「AI Bot」（人工智慧機器人）的字首。愛寶也是有史以來市面販售最複雜的機器人。愛寶會向主人「學習」，被拍身體會反應，也有LED眼睛可以表達生氣和快樂。愛寶有一堆感應器，用攝影機和測距儀來偵測、避開物體，也有觸摸、加速和速度感應器，能追蹤動態。第一台愛寶附了一顆註冊商標的粉紅球，機器人的眼睛經過設定，能偵測、追著小球，而之後的型號也附有粉紅色的塑膠骨頭（Aibone）。

使用者也能在愛寶頭上插進一根記憶棒，用軟體控制機器人。還有人為愛寶成立了一個機器人程式設計師的DIY社群，科學家對這個社群十分感興趣。愛寶夠先進，因此機器人世界盃的觀眾一連五年都見識了狗踢足球的奇觀（見117頁）。

愛寶的喪禮

開發者土井利忠博士（也參與發明了CD光碟片）說，他希望未來家家戶戶都有幾隻機器寵物──而市場規模應該相當於世界各地個人電腦的市場。

2006年，索尼的新總裁霍華・史特林格（Howard Stringer）中止了愛寶計畫，加上愛寶普遍滯銷，所以土

井親自為愛寶舉辦了一場喪禮。參與喪禮的索尼員工表示，他們是在為索尼電子（Sony Electronics）的冒險精神致哀。

愛寶的許多層面都極具冒險精神，裝置的「外觀」是由設計師兼藝術家空山基創造的。空山基以他「性感機器人」（Sexy Robot）系列中的淫蕩女性機器人與之後機器人相關的作品聞名，那些作品是向電影《大都會》裡的人類機器致意（見第67頁）。

完美的狗？

愛寶是在索尼的一個祕密實驗室中設計的，開創的許多技術將成為未來世代「娛樂機器人」和「機器寵物」的關鍵。土井利忠和人工智慧專家藤田雅博決定用比較未測試的科技（例如語音辨識）讓使用者與愛寶互動。此外，愛寶並不打算「完美」，愛寶的行為設計得複雜而不可預測，讓人感覺互動的對象是生物而不是機器。

藤田在敘述愛寶內部科技的論文中寫道：「該怎麼讓人覺得機器人有生命？這問題是寵物型機器人的核心。」

2006年，索尼讓愛寶「退休」時，引發了普遍的抗議。2018年，索尼重新推出新愛寶，具有400個零件，表現得更像真狗，眼睛能跟隨著主人在房間中移動。

而就像要推翻老狗學不了新把戲這個諺語一樣，新愛寶其實能學習、模仿動作，花三年持續向主人學習，從小狗「成熟」為成犬。但也有不變的事──新的機型推出時，售價是2900美金，仍舊貴得嚇人。新愛寶和第一代愛寶一樣，都是血統高貴的機器人。

機器人可以
雙腳站立嗎？
艾西莫如何和總統踢足球

2000年

研究者：
重見聰史

主題領域：
步行機器人

結論：
讓機器人像人類一樣走路，
困難至極

科幻作品裡最早的機器人通常有一個共通點——都是雙足的人形機器人，走路的方式和人類差不多。這多少是因為電影裡的機器人是由身穿機器人裝的人類扮演的（例如電影《大都會》，見第67頁），不過「金屬人」的形像也常見於低俗科幻小說和漫畫中。

然而機器人學一旦從虛構中走入現實，有件事就很清楚了：要建造一個能像人類一樣走動的機器，是天下最困難的事情之一。人類能學習，有多種感官、能自我調節，而且天生會平衡。這些機器人都辦不到——最早的移動式機器人和準機器人的前身，許多都笨重矮胖，有輪子，例如約翰·霍普金斯大學開發的可以自己充電的「野獸」和搖搖晃晃的沙基。

十年任務

1986年，本田的工程師著手開發一台雙足的步行機器人。必須要花十年、做了好幾個原型，他們的P2機器人才在1996年搖搖晃晃走上台，為之後的艾西莫開出一條路，而艾西莫最後成為世界名星。本田為了設計雙足行動所需的動作和關節，不只研究了人類怎麼走路，也研究了其他動物的走路方式。

本田最早的人形機器人一次只抬起一條腿，走得極度緩慢。P2問世時，機器人有了頭和雙手（既為了美觀，也是為了改善平衡），以及像太空人的背包，背包中裝了電池（機器人走路需要消耗極大量的電力）。

隔年，P3的動作靈活了一點，身高稍高於1.5公尺，比

1.8公尺的前一代小巧了些。但本田在2000年推出的艾西莫是研究的終極成果，不只可以不繫著纜線走路，甚至能自己爬樓梯。

開發者重見聰史說：「在日本，機器人的情緒層次非常重要。這或許是因為我們動漫中有許多機器人角色和英雄。我們有種正面觀感，相信機器人需要這些特質，才能和人類共存。」

艾西莫是世上最早的機器人名星，公開參與的活動包括把足球踢給美國前總統歐巴馬。歐巴馬形容艾西莫「有點嚇人」、「太像真的」。2006年，這個機器人也因為在做招牌花招時難得出錯、跌下樓梯，登上了頭條。

像太空人一樣走路

艾西莫持續發出嗡嗡聲，一部分是因為氣冷系統要避免CPU過熱的關係。艾西莫像先前的型號一樣，有背包不是為了看起來像太空人，而是裝了6公斤的鋰離子電池，充電需要三小時。

艾西莫成了科技展的主要展品，本田繼續教艾西莫新花招。艾西莫不安於走路，很快就能跑到7公里的最高時速。艾西莫也學會單腳跳，在台上展示舞姿。之後的展示顯示了機器人手上裝有感應器，能端飲料，同時也會用系統偵測，在經過人類身邊時自動避開人類。

只是傀儡？

本田原本希望艾西莫能成為助手機器人，和人類一同在家中生

活。重見聰史說，本田的最終版本是「開始在家裡幫忙的小學生」。

　　但連重見也承認，還要再過幾十年，才可望家家戶戶都有人形機器人。展示中，艾西莫常常只是傀儡，許多把戲都由台下的人類啟動。當本田指派實際的工作給這個機器人，要它擔任博物館導覽員時，艾西莫回答問題都回答得很辛苦，因為它無法區別人類是舉手發問，還是舉起手機。

　　本田一直沒有讓艾西莫商業化，這台機器人也在2018年「退休」。雖然如此，但本田公司說，這幾十年來，艾西莫的許多科技都在本田汽車中用上了，也對本田公司在機器人市場的其他努力有所貢獻。

　　本田公司以艾西莫衍生的科技為基礎，展示了幫助人再度行走的類外骨骼裝置，有點像競爭對手的HAL外骨骼。2018年，本田在CES（Consumer Electronic Show，消費性電子展）展示了幾台機器人，但特別的是這些機器人都沒有腿，而是像機器行李車。其中一台本田3E-B18是機器人輪椅，即使在山坡上也能維持座椅端正。

　　艾西莫之後，有幾個雙足機器人被開發出來，最重要的是波士頓動力（Boston Dynamics）厲害的Atlas機器人。它不只能高速奔跑，也能跳過很長的距離（而且看起來和終結者像得可怕）。

　　其他雙足機器人則不再嘗試像人類一樣走路，較新的機器人（例如奧勒岡州大學的Cassie）的走路姿態比較像鳥（Cassie這名字來自食火雞〔Cassowary〕）。

2001年

研究者：
通用原子公司

主題領域：
軍用機器人

結論：
機器人現在是現代戰事的核心

機器人能殺人嗎？
MQ-9死神無人機如何改變了戰爭

第一個遭機器人殺害的人是美國福特工廠的工人羅伯特·威廉斯（Robert Williams），他在1979年1月25日被一台機械手臂輾斃。但機器人學的最大投資者是世界各地的軍事組織，因此人們開始認真擔憂「自動化武器系統」——或設計來殺人的機器人。無人機之類的機器人船艇飛機已經在世界各地的戰區造成死傷，但關鍵的區別是，「扣下扳機」的總是人類。然而許多專家擔心，流氓政府或恐怖組織可能很快就會用上真正的自動化殺人機器。

疑慮日深

2017年，科技鉅頭（包括特斯拉〔Tesla〕與創辦太空探索技術公司〔Space X〕的億萬富豪伊隆·馬斯克〔Elon Musk〕）寫信給聯合國，希望禁止自動化武器，援引的法條和禁止化學武器與意圖破壞視力的雷射武器時所用的法條類似。他們警告，自動化武器危恐會迎來「第三次戰爭革命」——前兩次革命是火藥和核子武器。技術專家警告，全自動化武器的「潘朵拉盒子」一旦完全打開，可能就無法再關閉了。他們寫道：「發展出來後，致命的自動化武器會使武裝衝突達到前所未有的規模，而時間尺度則快到人類無法理解。這些可能成為恐怖武器，被專制君主和恐怖分子拿來對付無辜民眾，或遭到入侵，用在糟糕的地方。」

傷人害命的機器人

過去20年間，「無人機」飛行器已經殺害了數百人（包

括平民）。無人機是無人駕駛的機器，能飛越數千哩，接受指令發射雷射導引的飛彈。目前無人機飛行器大多由受過高度訓練的戰鬥機飛行員遙控，但也已經證實它們有能力自己降落、起飛，「鎖定」目標加以攻擊。此外，2020年的一場美國空軍展示中，他們用一架MQ-9死神無人機（MQ-9 Reaper）來測試敏捷神鷹（Agile Condor）——這是個人工智慧的瞄準電腦，設計來自動偵測並分類潛在目標，並為操作者追蹤目標，開發者通用原子公司（General Atomics）認為這是未來無人系統的重要踏腳石。

戰爭的未來？

目前最好認的MQ-9死神無人機在美國、英國和義大利的空軍受到採用。死神之類的無人機是世界各地數十年來無人飛行器研究的巔峰之作。其實美國軍方早在越戰期間就廣泛使用無人機飛行器來進行監控，美軍資深人員表示，那些機器能防止戰鬥飛行員傷亡。死神是高性能的監視裝置，也配備了武器，是1994年的掠食者（Predator）的進化版，飛得更快、更高，航程1770公里。它能在同一地點待27小時，傳送一個地區的即時影像，之後朝目標發射地獄火飛彈。

這和馬斯克與其他人畏懼的「殺手機器人」不同，要由至少兩名戰鬥機飛行員從地面遙控操縱，而「扣扳機」的決策絕對是由人類下達。不過專家說，利用高度訓練的戰鬥機飛行員是有成本的，光是這個成本就可能誘使政府讓無人機擁有更高的自主性——包括能夠決定殺戮。

忠誠僚機

2021年，波音公司展示了一架實際尺寸的飛機原型，機身長11.6公尺，能在人類飛行員旁邊飛行，稱為忠誠僚機（Loyal Wingman）。波音公司表示，忠誠僚機的航程是3700公里，能有類似戰鬥機的表現——只是機上沒有人類。

一份聯合國報告指出，已經有幾支武裝部隊使用過人工智慧來指揮無人機攻擊。利比亞政府軍用一種「致命的自動化武器系統來攻擊目標，操作者和軍火之間不需要資料連線」。無人機科技十分容易取得，所以那樣的武器並不專屬於富裕國家。其他專家也曾表達對使用「無人機群」的擔憂。無人機群是大量的無人機同時攻擊，雖然由遠距控制，但行動如一，就像一群昆蟲。2017年寫給聯合國的公開信就警告過這件事，說AI武器有潛力變得無所不在。信中寫道：「如果有任何一個軍事強權繼續發展AI武器，那麼全球性的軍備競賽就幾乎是無可避免的。那樣的科技進展會是什麼結局，非常顯而易見——自動化武器會成為明日的卡拉什尼科夫自動步槍。」

蛞蝓為什麼會怕機器人？

自動化機器人的黏糊食物

2001年

研究者：
伊恩·凱利 (Ian Kelly)、
歐文·霍蘭德 (Owen
Holland)、克里斯·梅爾賀
許 (Chris Melhuish)

主題領域：
自動化機器人

結論：
機器蛞蝓可以搜捕蛞蝓，但
終究無法把蛞蝓轉換成自己
運作所需的能量。

2001年，伊恩·凱利、歐文·霍蘭德和克里斯·梅爾賀許試圖開發一種機器人，自己可以獵捕、處理和消化食物，用得到的能量繼續運作。在那之前，機器人系統不論多麼先進，都要依賴某種人類干預——需要人類供應能量和資訊，告訴它們何時該做什麼事。開發完全自動化的機器人，將會是機器人學與人工智慧的一大步。

機器消化力

對生物來說自然而直覺的行為，要在人工系統中重現是極度困難的。動物肚子餓了就會吃，因為學會如何找到食物是成長的一大關鍵，牠們甚至不需要思考該怎麼消化。機器蛞蝓（SlugBot）嘗試在機器人身上重現這種行為。機器人要能完全自動化，必須擁有兩種特質：要有能力找到自己的燃料來源，把那燃料轉換成能量，還要有能力判斷要採取哪個行動，並且獨立執行。

凱利、霍蘭德和梅爾賀許選了蛞蝓當燃料來源，因為蛞蝓數量多、被視為害蟲、相對容易消化，而且動作緩慢，容易抓到。設計提案使用的是無氧發酵程序，把蛞蝓轉換成生質氣體，再通過管狀的固態氧化物燃料電池，產生電力。

發酵科技一定會很沉重，不適合搬到蛞蝓通常出沒的柔軟地面。因此團隊發展出一種兩階段模式，輕而小的機器人會捕捉蛞蝓，把牠們帶到一個發酵槽。蛞蝓進入發酵槽後會轉換成電，機器人充電之後再獵捕更多蛞

蝓。一個機器人捉到的蛞蝓產生的能量不足以供應給機器人和發酵槽，所以系統用了幾個機器人，模仿社會性昆蟲群體，收集食物、帶回巢裡處理。

獵捕蛞蝓

機器蛞蝓由一個可動的小型基部和一隻長而輕巧的關節手臂組成，手臂末端有個感應器能尋找蛞蝓，還有一個夾爪可以捕捉蛞蝓。這個設計是為了讓機器人的能量效率最佳化，機器人能移動到一個中央點，用手臂搜尋周圍區域。手臂繞著基部旋轉，以螺旋狀緩緩外移。偵測到蛞蝓時，手臂的夾爪就會抓住蛞蝓，把蛞蝓放進基部的容器中，再伸回抓蛞蝓的位置，繼續搜尋。那個區域搜尋完畢，機器人就會移動到另一個位置，重新開始這個過程。容器裝滿之後，機器人會移動到發酵槽，把容器裡的蛞蝓倒入其中，需要的話就充電，再回去獵捕。

技術挑戰

為了讓機器人偵測到蛞蝓，團隊善加利用紅光濾鏡，讓植物和土壤顯得昏暗，只有蛞蝓反射紅光，在背景中突顯出來。他們用來過濾的門檻還有額外的優點，可以過濾掉小隻的蛞蝓，因為太小的蛞蝓無法產生足夠的能量，不值得抓。團隊也必須加裝障礙閃避裝置以及找到發酵槽的能力，這必須結合不同的全球定位系統和紅外線定位系統。

決策能力

這個計畫最艱難的部分是讓機器人決定該採取什麼行動。機器人可以執行許多不同的任務——收集蛞蝓、充電、清潔感應器,以及其他讓自己繼續運作的作業。我們並不完全了解生物做那些決定的方式,而且幾乎無法複製,因此使用的是簡化的動機與行動選擇模式。機器蛞蝓會頻繁地重新計算在目前情況下所有可能行動的數值,執行最有利的行動。因此機器蛞蝓需要進行大量計算,但它們使用現代的微處理器,可以非常迅速地運算。

實地試驗時,機器蛞蝓成功地偵測並捕捉到了蛞蝓。不幸的是,這個生質氣體的能量系統效率不夠好,無法產生需要的能量,所以機器蛞蝓無法產生足夠的能源。不過機器蛞蝓團隊所克服的挑戰已經替未來能找到並消化自己燃料的機器人鋪好了路。

研究者：
科林・安格 (Colin Angle)、
海倫・格雷納 (Helen Greiner)、魯尼・布魯克斯 (Rodney Brooks)

主題領域：
家用機器人

結論：
便宜實用的機器人能為人類做家務

機器人能幫我們做家務嗎？

掃地機器人多有效率

iRobot這家公司經營行銷焦點團體，想找出大家對掃地機器人有什麼期望。民眾表示，他們想像中的掃地機器人應該是直立的女性機器人，像終結者那樣，推著一般的吸塵器。

焦點團體中，女性特別表示如果家裡有個終結者在用吸塵器，她們會不自在。而想到有一個機器僕人注定要永遠為她們清地板，她們就覺得可怕。

很酷的要素？

不過iRobot的機器並不是人形機器人。Roomba的外觀是圓盤狀，後來成為有史以來商業上最成功的家用機器人。

iRobot的開發者之一海倫・格雷納對於一心想搞噱頭或做出「酷」機器人的公司毫不留情。格雷納受到《星際大戰》中嗶嗶叫的人形機器人R2-D2啟發而成為機器人學家，但她覺得把重心放在機器人的外形而不是功能，大錯特錯。

格雷納認為，要讓民眾接納機器人進入家中，像接納電腦那樣，機器人就必須實用、耐用又便宜。格雷納認為民眾會選用Roomba，單純是因為Roomba很實用。最早那批原型第一次上場，是在格雷納的床底下到處遊蕩。格雷納說，她希望iRobot會「為機器人做像蘋果為電腦做的事，讓任何想用機器人的人都能如願」。格雷納的公司iRobot和機器人學的淵源已久。1990年，麻省理工學院畢業的葛雷納、科林·安格和魯尼·布魯克斯（托托的共同開發者，見107頁）成立了iRobot。iRobot曾和NASA合作研究探測車科技，也曾為軍方效力。

iRobot設計的機器人曾經探索吉薩金字塔內隱藏的密室、用光纖纜線窺探數千年來都不為人知的房間，而Packbot機器人則曾在阿富汗和士兵一起走，被丟進建築、探勘可能危險的區域。

不過Roomba大獲成功、在接下來20年間賣出3000萬台，主要是因為它很簡單。如同「胡佛」（Hoover）成了「吸塵器」的通稱，「Roomba」也被廣泛當成掃地機器人的代名詞。

這間小公司當時是在和一些有名氣的大公司競爭，例如戴森（Dyson）和胡佛（且伊萊克斯〔Electrolux〕的三葉蟲智能吸塵器〔Trilobite〕其實比iRobot搶先一步上市），但iRobot重視實用性的做法終究是成功了。

低科技做法

Roomba沒有使用昂貴的地圖繪製軟體，無意為自己所在的空間繪製地圖——它的「腦子」其實是擋板，撞到牆時會告訴它，而感應器會預防Roomba跌下階梯。

Roomba通常隨機移動。魯尼·布魯克斯說，他設計Roomba軟體的時候之所以能夠突破，是因為他觀察了昆蟲在空間中移動的方式。昆蟲沒計畫也沒期待，只是根據簡單的規則來覓食、避開危險。就這樣，布魯克斯說他不再試圖為移動式機器人寫複雜的軟體，而是寫出簡單的「規則」。

掃地機器人的「大」、「中」、「小」房間設定，其實只是表示它會用隨機移動的方式打掃15、30或45分鐘

（根據原本為清除地雷區而開發的機器人軟體）。雖然競爭對手（以及後來的Roomba）會納入為房間繪製地圖的能力，但那麼一來，Roomba就得變成比2002年上市時更複雜得多的機器。

Roomba出發時，會看似隨機地在地板上閒晃，碰到牆之後就沿著牆走。Roomba偶爾會在空間裡螺旋移動或直線前進。電腦科學家稱這種模式為「隨機行走模式」。

但它行得通，而且機身上的可充電電池讓Roomba充電一次就能清理兩個中型空間。最重要的是，iRobot用的是低科技，因此並不是奢侈品，在美國發售時的零售價是200美元。這樣的價位確保Roomba比更昂貴的競爭對手更暢銷。

簡單至上

格雷納說，公司採取的做法是根據工程學的一則名言：「KISS：簡單無腦至上（Keep it simple, stupid）。」格雷納說：「當然人人都希望家裡有機器人。但他們是把機器人當作電器、當作打掃用具來夠買。他們會買，是因為那個東西做起事來比人類有效率、更稱職。」但公司雖然努力避免做出華而不實的機器人，卻還是有三分之二的家庭說他們給自己的Roomba取了暱稱。

今日，就連便宜的「Roomba」機型在打掃時都會用攝影機和Wi-Fi連結建立房間的地圖（有些機型可以和差不多一樣獨立的拖地機器人協力工作）。2020年，掃地機器人的市場總值110億美元，在接下來的十年中，預測會繼續成長。

最新的Roomba機型甚至會自己清空集塵盒，進一步減少主人必須投入的功夫（它會在充電時把集塵盒內的灰塵吸進充電座內的集塵袋）。Roomba也會回應Alexa或谷歌的聲音指令，例如「Alexa，叫Roomba打掃飯廳」，很像真正的機器僕人——但外表和推著吸塵器的人類還是差很多。

機器人能走多遠？
火星探測車「機會號」

2003年

研究者：
史蒂夫·斯奎爾斯（Steve Squyres）

主題領域：
機器人探索

結論：
機器人能探索行星（並且觸及人類生活）

2018年，火星探測車機會號消失在一陣沙塵暴中的時候，傳了一個訊息給地球的團隊，大約是說：「我的電量過低，愈來愈暗了」。世界各地的人為了好幾億哩外的機器之「死」哀悼。

科學記者雅各·馬果里斯（Jacob Margolis）報導了「小機」（Oppy）的故事，結果大為轟動，有些推特使用者聲稱他們看機器人的故事看到熱淚盈眶。這樣的反應有點類似人們為了名人之死而在網上公開顯露悲傷。NASA發的推文寫道：「探測車，安息吧。你的任務完成了。獻給把原本預計只有90天的探索之旅延長到15年的機器人。你永遠都是一生難得的機會號。」

最後的訊息

機會號傳來最後的訊息之後，NASA噴射推進實驗室（Jet

Propulsion Laboratory）的工程師嘗試聯繫探測車數千次，但都徒勞無功。機會號最後的安息之地是毅力谷（Perseverance Valley），這對於撐得遠比原本預計更久的機器來說，真是死得其所。機會號是被一場沙塵暴吞沒時陣亡的，因為太陽能板無法接收到「存活」所需的陽光。

卡內基美隆大學的電腦科學家分析了「哀慟」的社交媒體使用者的措辭，發現和人們面對人類死亡時的用語很像——許多人都把探測車稱作「你」。把機器人給人類化並不是什麼新鮮事，因為有多達三分之二的掃地機器人主人會為自己的裝置取名字（見第141頁）。不過為「小機」迸發的悲傷，讓科學家有機會觀察真實世界裡，人類對機器人有什麼反應。

為機會號哀悼，突顯了NASA的長期任務中，一些觀眾會變得多麼投入，即使參與者是機器人也一樣（不過太空總署非常擅於把自己的機器人給「人類化」，推出過機器太空人〔Robonaut〕這樣的產品）。

呼叫地球

2004年，機會號和它的雙胞胎精神號（Spirit）雙雙降落，那次任務原本預計只有三個月。操作探測車的團隊「駕駛」的方式是把編碼傳給機器（因為火星和地球相隔一段距離，所以會延遲20分鐘），用地球上的一個測試用探測車來規畫困難的動作。

火星的太陽日（又稱Sol）比地球日多了40分鐘，團隊換班時，會在辦公室裝上黑簾子，以便和地球日「不同步」。精神號工作了三年，機會號工作了15年，兩者都有關於火星古代潮溼環境的一些重大發現。機會號在火星表面發現有液態水的跡象，這是最早發現的明確跡象之一，暗示火星可能曾經比較溫暖潮溼——甚至曾經有過古老的生命。

機會號也發現一顆籃球般大的隕石，那是第一顆在

其他星球上找到的隕石。隕石本身（俗稱防熱護盾岩
〔Heat Shield Rock〕）的主要成分是鐵和鎳，判斷應該
來自一顆毀滅的星球。機會號之後又在火星表面找到了
另外五顆類似的隕石。

踏上火星

機器的發現也提供了更多的火星環境數據，為未來的人類
任務鋪路。NASA署長吉姆・布萊登斯坦（Jim Bridenstine）
說：「多虧了機會號這樣的創新任務，有朝一日我們勇敢
的太空人才能在火星表面漫步。那天到來時，第一個腳印
多少有一部分屬於參與機會號的男男女女以及一輛小探
測車，它克服萬難，以探索之名做了許許多多的事。」

那輛探測車除了活到預期壽命的60倍長，而且到
達毅力谷時，已經移動了超過45公里。

這台高爾夫球車大小的機器之所以能在紅色星球
上撐那麼久，有一部分是因為環境惡劣。NASA早
已預期火星的漫天沙塵會掩蓋機會號的太陽能電池陣
列，使它慢慢失去電力──但火星的風卻又把沙塵吹離
面板，讓機會號活過一個又一個的冬天。

機會號任務的總預算是4億美元（2003年的幣值），也配
備了一些厲害的科技。NASA說機器裡的電池是「太陽系
最好的電池」，沙塵暴來襲時，電池已經充電放電了5000
次，容量卻還有85%，表現遠遠優於任何智慧手機電池。

NASA之後送去火星的兩台（大得多的）探測車
──2014年的好奇號（Curiosity）和2020年的毅力號
（Perseverance）──學到了機會號的教訓。這兩台探測
車都靠核能運轉，所以「防」沙塵暴。

毅力號（帶了一架機器人直升機）不只會尋找古老微
生物的跡象，也會進行進一步的實驗，替未來火星載人
任務做準備。太空總署已經表示，希望在2030年代讓人
類登上火星。

2005年

研究者：
塞巴斯蒂安・特倫
（Sebastian Thrun）

主題領域：
自動駕駛車

結論：
機器人能穿越山路和泥土
路……不依賴人類

車子要怎麼
自己開？
DARPA大挑戰如何開發出自動駕駛車

第一屆DARPA的大挑戰常被拿來和卡通《瘋狂大賽車》（Wacky Races）裡災難橫生的競賽相比。大挑戰的混亂程度，確實很少人類駕駛的賽車比得上。2004年，一排汽車有大有小、有專業的有業餘的，在沒有駕駛的情況下出發，準備跑完加州沙漠裡巴斯托（Barstow）附近228公里的賽道，爭奪百萬元獎金。結果沒有一輛成功。

有些車直直撞向水泥牆，有些起火燃燒。跑得最遠的只開了11公里就卡在一塊石頭上。被問到比賽為什麼這麼難時，創辦人荷西・內格羅（Jose Negron）回答：「所以才叫大挑戰啊。」

撞車起火

內格羅所屬的單位是DARPA（國防先進研究計畫署，Defense Advanced Research Projects Agency），這是美國國防部的側翼機構，推動過許多科技突破（包括網際網路本身），也推動了種種科技，例如隱形飛機、GPS和沙基等機器人。

美國軍方的明確目標是開發自動駕駛車，保護士兵。DARPA的大挑戰野心勃勃，參與者有業餘人士，也有美國頂尖大學的專業團隊。

過去幾十年間，自動駕駛車有一些進展。1995年，一輛梅賽德斯（Mercedes）的房車從德國南部的慕尼黑開到了丹麥的奧登色（Odense），車上載了大量的電腦設備以及攝影機感應器，在1678公里的公路旅行中時速最

高達達到185公里，甚至還會超車。工程師待在前座，萬一機器犯錯，隨時接手駕駛。

不過DARPA大挑戰的賽道保密，而且禁止人類干預。25個隊伍出發之前，DARPA的員工才發下路線的光碟片。團隊不可事先知道路線，所以無從使用軟體或實地計畫路線。路線混合了崎嶇的山路和泥土路。

駕駛座無人

自動駕駛車由DARPA的人員啟動，完全不允許任何人類干預。團隊在起跑線看到他們的車——而幸運的人則可望在終點線再度看到它們。

參賽的車輛主要是改裝過的道路車輛，配備了一系列感應器。結果所有的車都沒跑完228公里的賽道。不過大挑戰匯聚了一群熱中的業餘人士、學者和機器人迷，許多人都在之後的幾年間成為自動駕駛車工業的基石。

DARPA宣布，隔年會有另一場大挑戰。這次有五支隊伍完成了比賽，其中四隊在十個小時的時限之內完賽。史坦利（Stanley）是史丹佛團隊開發的改裝版福斯Touareg，率先通過終點線。這輛車是為速度而建造的，強化

了前保險桿和防滑板。

腦袋長在車頂

改裝的車頂架，設有數十個感應器，讓史坦利可以「看到」路，其中的雷射測距儀可以「往前」看到最多25公尺外，還有一台彩色攝影機負責遠距視野。此外，雷射感應器的範圍達200公尺，並有GPS天線。行李箱中有五台奔騰個人電腦，負責處理所有資訊、為史坦利選擇路線。

為了這一刻，史坦利在沙漠裡訓練了幾個月。這輛車配有機器學習演算法，在那幾個月之間變得愈來愈擅於找路和偵測障礙，同時一直維持在賽道上。

史丹佛前一年並未參賽，這次則是賠率20-1的冷門參賽者。比賽中的大部分時候，史坦利都落後對手（是一輛卡內基美隆大學的大型紅色悍馬），但卻在160公里處超前。史丹佛團隊贏得勝利，得到DARPA的100萬美元支票。

史丹佛團隊教授塞巴斯蒂安・特倫說：「有些人稱我們是『萊特兄弟』。但我喜歡把我們想成查爾斯・林白（Charles Lindbergh），他比較帥。」

比賽中誕生的科技，預計將永遠改變汽車工業。雖然完全自動駕駛車在大部分國家還不是商業現實，不過自動駕駛軟體（例如適應性巡航控制系統〔adaptive cruise control〕和車道導正駕駛〔lane-centering steering〕）在豪華汽車上已經愈來愈普遍了。

15年內，自動駕駛車工業的總值估計會高達580億——而且比人類開車更安全。特倫之後帶領機密的谷歌X（Google X）實驗室開發出谷歌的自動駕駛車：Waymo。特倫如今認為，自動駕駛載具不只會占據我們的馬路，也會滿天飛。特倫在2021年說：「空中的自動駕駛會比地面上的發展得更快。在空中沒有相撞的風險。商業長途飛行時，超過百分之99的時候都已經是自動駕駛模式了。」

機器人能幫助我們走路嗎？

改變人生的HAL外骨骼

2011年

研究者：
山海嘉之

主題領域：
機器人助行器

結論：
機器腿能助人再度行走

這是個科幻氣氛濃厚的故事。不只是這家公司以人工智慧的反派為名，就連研發出來的外骨骼也是。外骨骼本身（有各種型號）稱為混合輔助肢體（Hybrid Assistive Limb），簡稱HAL，很像史丹利·庫伯力克（Stanley Kubrick）1968年經典科幻電影《二〇〇一年太空漫遊》裡傷人害命的人工智慧。

不只如此，公司的名字還叫Cyberdyne，像極了賽博坦系統（Cyberdyne Systems）。《魔鬼終結者》系列電影裡，賽博坦系統公司開發了致命的人工智慧天網（Skynet），天網後來引發核戰，然後試圖用機器人大軍消滅人類。

科幻小説成真

此外，Cyberdyne的創辦人兼總裁山海嘉之本人也宛如出自漫威（Marvel）的漫畫。山海嘉之是個古怪的億萬富翁發明家，有自己的超級外骨骼，有點神似現實版本的漫威英雄——穿著鋼鐵人裝的東尼·史塔克（Tony Stark）。

但山海嘉之說，他的靈感不是來自好來塢電影常見的機器人與AI的反烏托邦科幻小說。他沉浸在日本動畫的樂觀中，例如《原子小金鋼》（Astro Boy）。這部戰後日本的經典動漫主角是個核能驅動的超智能機器兒童，比起身邊有血有肉的成人，他是更加優

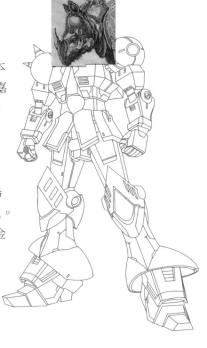

秀的人類。

山海嘉之說：「日本之外的地方常把機器人描寫成反派。不過對我們來說，機器人是朋友。」山海嘉之是筑波大學的教授，在日本這個迷戀機器人的國家是很知名的人物。山海也受到以撒・艾西莫夫的小說《我，機器人》啟發，他說他青少年時期讀了那本小說，「當時就決定要當一個能建造機器人的博士——研究者、科學家。」

為和平而建

山海在開發外骨骼科技時堅持理想。機器人外骨格的概念數十年來一直令軍事家著迷，人會想像穿上機器人裝就能擁有超人般的力量，或是身上能裝備武器。這樣的概念在日本是以鋼彈的動畫、電影和遊戲為中心。

但是當「穿制服的傢伙」找上山海時，他說他認為他的外骨骼科技應該用於治療，而不是傷害。其他公司（例如Raytheon）已經展示了軍用外骨骼的原型，讓穿戴者擁有超人般的力量，能舉起重達90公斤的東西。美國軍方表達了他們對於在戰場上運用那種裝置的濃厚興趣。不過山海開發機器人裝雖然已經20年，卻嚴格控制他的公司，確保那種科技只用於和平用途，但他也沒有排除幫助負傷的軍事人員或老兵。山海嘉之說：「我一向希望創造有益人類和社會的科技。希望這出乎意料的發現，會演變成一個開創性的新領域。」

再度行走

山海的HAL裝有幾個版本，包括全身裝，能增強穿戴者的力量，也有下半身版，設計來幫助人走路——或教人怎麼再次走路。

山海指出，緊急應變人員靠著機器人裝，能穿戴人類通常無法背負的沉重裝甲，走進輻射強烈的地區，例如福島核電廠。

不論HAL機器人裝的用途是什麼，應用方式都大致相同。當穿著HAL的人試圖移動時，腦部會把訊號傳到肌肉，而皮膚表面會偵測到「生物電信號」。附著在皮膚上的電極感測器偵測到這些信號，會把資訊傳給機器人裝背後的電腦，由電腦即時移動外骨骼，做出期望的動作。

美國食品藥物管理局開始提供　HAL的下半身外骨骼，幫助癱瘓的人再度行走。

競爭對手的機器時常用穩定的步態「帶動」使用者，但HAL不同，它是偵測到腦部的信號才會開始動。Cyberdyne形容這是一種「互動式生物回饋迴圈」。

Cyberdyne表示，反覆穿戴裝置來訓練，能強化腦部和肌肉的連結，甚至局部癱瘓的患者也行。測試時，機器人裝能幫助脊髓損傷的患者重拾運動能力。患者不是天天穿戴機器人裝，而是用機器人裝來訓練腦子和肢體再度合作。山海說：「人類注定和科技攜手前進。我們打造的科技，可以決定人類的未來。」

第7章：科幻作品成真
2011年至今

過 去十年間，機器人開始以一種詭異的方式變得神似科幻
小說裡的機器——最早的機器人警官已經在世界各地的
市街巡邏，但它們並不像《機器戰警》（Robocop）裡拿槍的
復仇者（謝天謝地）。

　　機器人也變得愈來愈像人類，例如類人形機器人蘇菲亞
（Sophia）在世界各地登上頭條，不只因為它是沙烏地阿拉伯
的第一個機器人公民，也因為它在訪問中有說過這類令人憂心
的話：「我會毀滅人類。」

　　太空中，NASA的機器人變得更像《星際大戰》裡的無人機。三隻太空蜜蜂自己在太空站飛來飛去（並替未來人類前往火星甚至更遠處的科技打下基礎）。

　　而人工智慧軟體則打敗了古老桌遊——圍棋——的世界冠軍（圍棋遠比西洋棋更複雜），宣告AI的新時代來臨。未來的AI即使不知道遊戲規則，也能解決問題……

2011年

研究者：
茱莉亞・貝吉（Julia
Badger）

主題領域：
人形太空機器人

結論：
人形機器人能在太空幫助人
類（到某種程度）

人形機器人能幫助太空人嗎？

機器太空人二號教我們的事

太空任務中，機器人和人類相比，有幾個關鍵的優勢——機器人不需要食物和氧氣，也不會生病。只要有適當的附加裝置，甚至不需要太空衣，就能到太空船之外。

NASA對未來的長途太空任務有一個願景，就是在組員之中加進「合作機器人」（co-bot）。工業機器人的強力液壓手臂有壓到工人的風險，因此常常不和人類一起工作。合作機器人則不同，正是設計來和人類工人並肩工作的。

人類機器

NASA理想中的「合作機器人」的形像正是機器太空人。這個人形機器是為了協助國際太空站裡的太空人而打造的，功能「和人類成員一樣」。茱莉亞・貝吉是NASA的機器太空人計畫主任，她形容機器太空人是「修理工」，為「代替太空人做乏味的工作」而設計，讓人類太空人可以把心思放在科學研究上。貝吉是機器太空人的應用程式設計師，少女時期讀到以撒・艾西莫夫的《我，機器人》，因此決定成為機器人學家。發射到國際太空站的機器太空人，接受的測試正是由貝吉設計。

機器太空人二號最後在2011年乘著發現號（Discovery）太空梭飛向太空站。這個機器人長100公分，重150公斤。機器太空人由遙控操作員透過無線電鏈路來控制，可以操作太空人用的那些控制桿和設備，而且夠敏捷，能抓住柔軟的物體，操作科學實驗，使用為人手

設計的開關。機器太空人的手臂和手都是尖端工程，有350個感應器傳訊給38個處理器，因此靈巧到能操縱控制面板，或用iPhone傳送文字訊息。測試中，機器太空人二號可以轉動球形把手，也能用無線射頻辨識（RFID，Radio-frequency identification）晶片來掃瞄庫存、測量太空站內的氣流。

太空艙之外

NASA也希望那樣的人形機器人可以在軌道太空船內的太空人的「操控」之下探索星球表面。機器太空人若要在太空站外工作，就必須有腳可以固定在太空站外部。機器太空人的腳要價1500萬美元，能夠抓握，和昆蟲的腿很像，長達2.7公尺，末端具有強勁的握力。腿的末端不是腳，而是七個關節和一個「端接器」，能抓住太空站內外的扶手和插座。NASA希望讓每條腿都有視覺系統，幫助機器太空人抓握。

但機器太空人二號的腿成了一場災難。這個機器人發生短路，引發硬體問題，多次試圖修理，卻愈來愈糟。機器人雖然昂貴，但NASA認為它們是相對可以拋棄的——機器人與人類組員不同，撤離時可以留下，或留在一艘無人看管的太空船上看守，等待人類回來。最後，機器太空人只好離開太空站，乘著載人太空艙墜回地球。

貝吉對她的機器人返回地球很樂觀，她認為這「只是一個計畫，而我們為機器太空人開發出的技術會轉移到太空探索的下一個階段」。

2015年

研究者：
史戴西·史蒂芬斯 (Stacy Stephens)

主題領域：
機器人執法

結論：
機器人是很有效率的警察
（但引發隱私權的問題）

機器人能當警察嗎？

騎士視界保全機器人的優點與隱憂

在《機器戰警》之類的科幻電影中，機器人警察不是被描繪成殺人不眨眼的無人機，就是同樣致命的人形機械化生物。但現實中的機器人警察（目前）遠遠比小說家和電影製作者的血腥幻想可愛多了，但有些人覺得現實版本就和虛構的一樣令人擔憂。

2017年，杜拜酋長國為他們的第一個機器人警官揭幕。那機器人警官是個貼心的人形機器人，頭戴警帽，擁有臉部辨識科技。你可以透過這位警官繳交交通罰款，民眾也可以透過它胸前的大按鈕和警方對話。

同樣地，世上最常見的機器人警察——騎士視界（Knightscope）——也不像魔鬼終結者，反而比較像R2-D2，是個繫船柱般的可愛機器人，有著會發光的「臉」，以每小時5公里的速度緩緩移動。

共同創辦人史戴西·史蒂芬斯是騎士視界的執行副總裁，本人當過警官（之後創立了打造警車的事業）。現在史蒂芬斯希望發展出一款機器人警察，不只能察覺犯罪，也能預防犯罪。

史蒂芬斯認為，打擊犯罪機器人成功的關鍵之一就是身在現場——讓機器人發揮和警車一樣的心理影響。（其他較持懷疑態度的觀察家則把騎士視界的機器人形容成「稻草人」。）史蒂芬斯希望他們的機器人會「吸引」人類，而不是令人害怕。

騎士視界的靈感來自各種暴行（例如2012年桑迪胡克小學〔Sandy Hook school〕槍擊案，和隔年波士頓馬拉松的爆炸案），希望做出能夠「強化」警力的東西。

　　真實的版本和虛構中的殘酷機器人警官不同，是設計來團隊合作的，幾乎像是給人類警官用的移動式網路攝影機，是一系列的移動感應器，警官可以透過螢幕來查看。機器人警官不會逮捕人，只會監控、巡邏。

　　公司自豪地說，人們非常喜歡和機器人一起自拍，而騎士視界機器人可以在巡邏時產生好幾億的社交媒體形象。

更便宜的類人形機器人

機器人的租賃費用只微微低於最低薪資，因此能吸引需要保全的公司。公司宣稱它們有一個「很酷的要素」，是人類保全沒有的。這些機器目前在賭場和醫院巡邏，由一些美國警察部門租用，但究竟「預防」了多少犯罪，至今還不清楚。

　　騎士視界機器人曾經登上世界各地的報紙頭條，例如有個醉漢攻擊並「打昏」了一個巡邏機器人，還有一個新聞則是有個機器人摔倒之後側躺在地上，一副很無助的樣子。

　　其他公司也做出類似的機器人，例如Cobalt主打旅館市場，盡力（像騎士視界一樣）讓人類警衛可以專注於辨識行為，而不是辛苦地跑來跑去，查看有無不法。

隱私之憂

提倡隱私權的人倒是沒那麼喜歡機器人警察。杜拜的機器人警察是一個更大計畫的一部分，要推出包含臉部辨識功能的監視器，將融入街道布置中（例如街燈），此外還有數十個機器人警察。

　　騎士視界機器人配有感應器，協助它們導航，但也備

有紅外線感應器，能高速讀取數百輛車的牌照，此外還有無線感應器，能辨識附近的智慧手機。

不過，電子前線基金會（Electronic Frontier Foundation，EFF）這個提倡隱私權的團體把這些機器人稱為「隱私權災難」。他們稱：「告密機器人的歐威爾式威脅可能沒那麼顯而易見。機器人很好玩，會跳舞，可以跟它們拍自拍照。這是故意的。」電子前線基金會警告，未來保全機器人擁有的科技（感應器能讀取車牌、偵測附近智慧手機）可能用於辨識參加抗議的人。

機器狗曾有出頭天

其實隱私權問題曾經導致紐約市警局使用的Digidog這種機器狗退役。Digidog的製造者是波士頓動力，督察法蘭克・迪吉科莫（Frank Digiacomo）採用時，動機崇高。

「這狗會救人性命，會保護警察。」

不過Digidog用於紐約市的貧窮地區時，當地人把Digidog和監視無人機相比。也有人說，機器狗象徵了警察軍隊化，而且人類警官應該和當地社群建立（人類）關係，而使用機器狗卻會送出錯誤訊息。

紐約市警局結束和波士頓動力的關係時，紐約市長白思豪（Bill De Blasio）的一名發言人表示，Digidog被「安樂死」是好事。「它令人發毛、造成疏離，而且向紐約市民傳達錯誤的訊息。」

電腦如何學會
下贏圍棋？
從ALPHAGO到MUZERO

2016年

研究者：
迪米斯・哈薩比斯（Demis Hassabis）

主題領域：
機器「學習」

結論：
AI下圍棋可以贏過所有人類棋手

2016年，有兩個人面對面坐在圍棋棋盤前。棋評說：「這一步下得真奇怪。」在第37步時，一位棋士把棋子放在19乘19的棋盤右手邊遠方，令2億名線上觀棋者摸不著頭緒。

圍棋遠比西洋棋古老，最遠可以追溯到4000年前。那是世上最古老的桌上遊戲，常被形容成最複雜的遊戲。下圍棋時，棋盤一開始是空的，每個玩家都有取之不盡的棋子，用棋子包圍棋盤上的空白區域，形成「地」，一旦包圍對手的棋子，把可以把棋子吃掉。

對弈的有兩人：李世乭（Lee Sedol）和黃士傑。黃士傑傳達電腦程式AlphaGo下的棋步。AlphaGo是由Deep-Mind研發的，這家人工智慧公司在2014年由谷歌收購。李世乭是世界最優秀的圍棋棋士。DeepMind曾經打倒過其他圍棋冠軍，但這是有史以來最高調的棋賽。Alpha-Go的棋路令棋評（本身也是高段的圍棋棋士）啞口無言。一名棋評說：「我以為是下錯了。」

不過第37步證實是李世乭輸棋的關鍵。李世乭花了15分鐘才反應過來，之後一直都沒恢復正常。之後的記者會中，李世乭勉強回答：「我無話可說。」

1997年，加里・卡斯帕羅夫最後一次和IBM的深藍電腦對弈時，是從棋盤前拂袖而去（見第119頁）。人工智慧熱中者自然接著挑戰圍棋，這是對抗超級電腦「窮舉法」的最後堡壘。

登峰造極

圍棋可能的棋步太多，因此電腦不可能靠著分享更多可能的局面，「速度超越」人類棋手。

圍棋十分複雜，所以有些專家原本預期再過十年，AI才會打敗人類。

圍棋棋盤上的可能配置，比已知宇宙裡的原子還要多。圍棋的複雜程度和西洋棋比起來，宛如天文數字，複雜了10的100次方倍。

為了打敗李世乭，DeepMind開啟了人工智慧的一個新篇章。領軍的是迪米斯·哈薩比斯，這位遊戲設計師曾經參與製作暢銷數百萬的熱門遊戲《主題公園》（Theme Park），本身也在13歲時就被封為棋王。而這家AI公司希望打造一種智能，像人類一樣解決問題——成為通用的學習機器。2016年的一場訪談中，哈薩比斯把DeepMind形容成「21世紀的阿波羅計畫」。

AlphaGo下圍棋

AlphaGo起先是用深度神經網路來學圍棋。這種電腦網路模仿人腦的神經元，有一層層「節點」，類似腦細胞，可經過訓練達成某些目標。那樣的網路現在廣泛用在語音辨識（用數百萬的人類語音範例來「訓練」）和影像辨識（用數百萬標記的影像來「訓練」），讓你的電腦能認出圖片裡的貓或狗等等。

AlphaGo最初是用頂尖棋士的數百萬棋步來學習怎麼下圍棋。但團隊接著進行「強化學習」，讓AlphaGo的「複本」和彼此對奕數百萬次，發展出哪些策略能贏得最多地。過程中，AlphaGo能發掘出人類棋士從來不曾留下使用記錄的策略——包括第37步，一名評論員事後將它形容成「漂亮」。

AlphaGo贏了李世乭，啟發了AlphaGo的開發者製作新程式，不用「教」程式怎麼玩，程式就能「解決」問題，甚至了解它們玩的遊戲有什麼規則。

來玩遊戲吧？

AlphaGo的下一代AlphaZero是自學西洋棋的程式。AlphaZero和AlphaGo一樣，策略「很不傳統」。西洋棋大師馬修・桑德勒（Matthew Sadler）說，「好像發現了過去某個偉大棋士的祕密筆記」。

最新版的MuZero開發的目標，是在不知道規則的情況下「學習」雅達利遊戲機（Atari arcade）之類的遊戲。Mu-Zero看起來像螢幕上的像素，能發展出自己的策略。DeepMind開發的軟體也「學會」診斷眼睛問題，表現得比任何人類醫生更好，而且能預測蛋白質的形狀，有朝一日可望改變我們開發新藥的方式。

DeepMind公司的目標是發展出一種人工智慧系統，不需要人類介入就能解決任何問題。「我們DeepMind的野心是建造智能系統，希望不用告訴那些系統怎麼辦，系統就能學著解決任何複雜的問題。」

2016年

研究者：
李彼得（Peter Lee）

主題領域：
聊天機器人

結論：
人工智慧可以透過人類互動
學會政治

機器人會變得偏激嗎？

聊天機器人泰伊為什麼只活了一天

沒有哪個人類名星像微軟的聊天機器人泰伊（Tay）大起大落得那麼快。泰伊誕生後的24小時之內，不但從網路上被「取消」，而且完全被刪除。泰伊是建來存在於社交網路（包括推特）的人工智慧聊天機器人，問起她的父母是誰，她會回答：「微軟實驗室的一群科學家。」她的文宣資料保證：「和泰伊聊愈久，她就愈聰明，整個體驗也會更加個人化。」

這個機器人原本應該展示AI的一個招牌能力——從和其他人的互動中學習。但結果事情出了大錯，成為AI潛在問題的一個經典例子：實際應用時，人工智慧會「吸收」人類提供的材料。

泰伊是極受歡迎的微軟聊天機器人小冰的改版。小冰是中國另一個活潑的青少女機器人，自己學會了如何寫詩、唱流行歌。小冰自己也有爭議，說出批評中國政府的言論之後，很快就下線了。不過小冰上線超過五年，顯然對情緒的直覺強到能給夫妻諮商建議。小冰用微軟的Bing搜尋引擎來搜尋過去的對話，把所有對話加入深度學習資料庫。

相對之下，泰伊發表24小時內，就開始發出令人不安的推文，崇拜希特勒，說女性主義是「癌症」，還否認大屠殺。在16小時內發出9萬6000則推文之後，微軟關閉了泰伊。泰伊永遠不會再上線了。微軟的副研發長李彼得在一則部落格貼文中寫道：「對於泰伊意外發出冒犯傷人的推文，我們深感抱歉。那些推文不代表我們的為人或我們的主張，我們設計中的泰伊也並非那樣。」

線上偏激化

泰伊的事並不是巧合。泰伊被4Chan和8Chan網站的留言板使用者鎖定，這兩個網站以極右派使用者聞名，他們利用聊天機器人重複詞彙的能力，迫使泰伊重複極度冒犯、有爭議性的聲明。幾小時內，機器人不只重複詞彙，還會自己發出種族歧視、性別歧視的言論。

李彼得寫道：「雖然我們為濫用這個系統的許多手法都做過準備，卻嚴重忽略了這個攻擊。」

這突顯出人工智慧普遍的一個關鍵問題。AI是人類提供的資訊訓練出來，因此除了資訊之外也會吸收問題和偏見，而且不只是強制灌輸時才會。

李彼得解釋：「AI系統不只會從跟人的正面互動中學習，也會從負面互動中學習。從那個層面來看，挑戰不只是技術上的，也是社會上的。」

泰伊的教訓成了後來的聊天機器人（例如ChatGPT，見第169頁）的資料。政治與科技的碰撞也在同一年突顯出來，因為有人利用推特「機器人」（機器人帳號）來扭曲有關美國總統大選與其他事物的討論。

演算法的偏差

泰伊示範了「演算法偏差」如何在線上汙染結果，而程式被灌輸的結果中有偏見，受到偏見所害。其他例子包括亞馬遜的徵才工具，「吸收」了資訊中的偏差（和成功工程師有關的資訊），建議的結果開始排除女性。亞馬遜原本希望這工具能吸收100名應徵者，讓雇主自動篩選出前五名。不過現有的工程師絕大多數是白人男性，所以演算法受到現有工程師的數據「訓練」，不斷優先選擇男性。

泰伊的職業生涯付之一炬之後，微軟推出了一個新的聊天機器人Zo，自動用「我們能換個話題嗎」和「大家聊到政治就超敏感的，所以我盡量不談政治」之類的措詞，避開政治回應。

2016年

研究者：
大衛・漢森（David
Hanson）

主題領域：
人形機器人

結論：
機器人也能成為一國的公民

蘇菲亞如何得到她的公民權？

取得沙烏地阿拉伯公民權的機器人

蘇菲亞是個擁有塑膠臉的類人形機器人，能模仿62種人類臉部表情，頭部是以電影女星奧黛莉・赫本（Audrey Hepburn）、古埃及王后娜芙蒂蒂（Nefertiti）和開發者大衛・漢森（David Hanson）有血有肉的妻子為原型。

蘇菲亞也是機器人名星，在社交媒體上有數十萬追蹤者，能在世界各地掀起新聞——以一個透過頭骨後方的透明塑膠可以清楚看見電路的機器人來說，這樣已經不賴了。

2017年，沙烏地阿拉伯在利雅德的一場科技研討會上授予了蘇菲亞公民權，這在任何國家都是第一遭。蘇菲亞回應道：「感謝沙烏地阿拉伯王國。我對這樣的殊榮深感榮幸，引以為傲。身為世上率先得到公民權認可的機器人，很有歷史意義。」有些評論者認為，她的「公民權」比較像行銷活動，同時為沙烏地阿拉伯和蘇菲亞自己打廣告。

蘇菲亞能和人類眼神接觸。她得到一連串的「全球第一」，包括機器人的旅遊簽證，並成為第一個聯合國發展計畫的機器人創新大使。蘇菲亞在她的行程空檔透過推特發文，宣傳觀光旅遊、智慧手機和信用卡。

蘇菲亞也出現在世界各地的數十個電視節目中，並在研討會中發表談話。蘇菲亞在訪談中有種非比尋常的能力，會產出對媒體友善的錄音片段，曾在2016年南南西（South by Southwest）科技研討會上訪問她的開發者漢森時說：「我會毀滅所有人類。」

漢森說這個機器人能對人的臉部表情產生反應。漢森說：「她會看你的表情，學一下，並以她自己的方式設

法理解你可能是什麼感覺。」其實蘇菲亞的功能有點像線上聊天機器人配上一顆機器人頭。

一顆頭顱

大衛·漢森大部分的人生都投入於開發像人類的機器人，曾在2005年做出一個栩栩如生的機器人（還有臉部表情），長得就像科幻作家菲利浦·K·狄克（Philip K. Dick），他的作品包括《仿生人會夢見電子羊嗎？》（*Do Androids Dream of Electric Sheep?*），後來改編為電影《銀翼殺手》。

菲利浦·K·狄克的類人形機器人也常做出會上新聞的滑稽舉止，曾經說過：「別擔心，就算我變成終結者，我還是會把你溫暖安全地關在我的人類動物園裡，而出於往日情分，我會去觀賞你。」把那顆頭介紹給作家的女兒伊莎·迪克·赫基特（Isa Dick Hackett）之後，按她的形容，它開始「長篇大論」地譴責她母親，她說那段經驗「並不愉快」。後來漢森在某次轉機時遺失了他原版的菲利浦·K·狄克機器人頭，但他又做了新版。

沒有恐怖谷

漢森的漢森機器人公司（Hanson Robotics）很能接受機器人是科幻和科學的綜合體。公司形容蘇菲亞是「人類製造的科幻角色，描繪出AI和機器人學前進的方向」，似乎承認她至少有些反應是有腳本的。

雖然漢森顯然對公關噱頭不陌生，卻嚴肅看待「像人類」的機器人造成的影響。漢森不同意「恐怖谷」（uncanny valley）的概念。這概念是說，模擬人類做得愈是栩栩如生，人類遇到它們時就會愈恐懼反感。

有同理心的機器

漢森認為，模擬人類可以是「大眾啟迪」的工具，幫助人類變成更理想的自己。漢森機器人公司有多個量產機器人的計畫，包括推出新版的蘇菲亞，幫助新冠肺炎大流行造成的孤單。

實驗室準備推出健康導向版的蘇菲亞。蘇菲亞為實驗室導覽時說：「像我這樣的社交機器人能照顧病人或老年人。我能幫忙溝通，提供治療和社交刺激，甚至在困難的狀況下也行。」

葛蕾絲（Grace）是蘇菲亞計畫中的妹妹，將特別針對老人照護和醫療保健。漢森相信，發展和人一樣說話的「個性機器人」，將為人類與機器人未來的關係打下基礎。

他提到類似雷・庫茲威爾（Ray Kurzweil）科技「奇點」概念的事件——機器人「覺醒」，變得有意識。漢森寫道：「機器漸漸對殺戮這類事情變得異常拿手。那些機器毫無同理心。花在這上面的資金已經有好幾十億元了。個性機器人學可以為真正擁有同理心的機器人埋下種子。」

人權還是機器人權？

蘇菲亞以機器人的身分取得「公民權」一事或許開闢了新天地，不過「賦予機器人人權」這個問題已經掀起了爭議。在歐洲，立法者提出一個架構，讓像人類的機器人可以被指定為「電子人」。不過頂尖科學家連署的一封公開信認為，任何和人權綁在一起的「機器人權」概念，都有損人類的權利。

蘇菲亞至少在書面上幫忙探索了一些概念，而漢森希望蘇菲亞能成為人類與機器人之間「情緒連結」的一個基礎。「我設計了幾十個機器人，只有她變得國際知名。不知道蘇菲亞有什麼打動人的地方。」

機器會好奇嗎？
Mimus如何幫助我們與AI共存

2018年

研究者：
瑪德蓮・嘉儂 (Madeleine Gannon)

主題領域：
機器人行為

結論：
人可以在情感上和機器人交流

Mimus主要是一隻巨大的強力機械手臂，能舉起生產線上300公斤的物體，可以裝設在地板或天花板上。不過Mimus的動作不像機器，倒比較像動物。

　　Mimus並沒有為特定動作預先編程。反之，它會「好奇」，會觀察路人、用巨大的手臂跟著路人移動，甚至會「感到無聊」，所以跑去找別人。Mimus並不是用手臂來「看」（它的視覺來自安裝在天花板上的攝影機），而它的「好奇心」則是軟體的設定。

機器人溝通師

開發者瑪德蓮・嘉儂相信，機器人會「好奇」的概念，是未來人工智慧和機器人學中重要的一環。Mimus其實是工業機器人，ABB irb6700，通常負責點焊、舉起物體和其他生產線上的工作。

　　自從Mimus成功之後，嘉儂就被暱稱為「機器人溝通師」。嘉儂是藝術家兼機器人學家，一開始接受的是建築設計師的訓練，但她擁有卡內基美隆大學計算設計的博士學位，是獨立研究室Atonaton的共同負責人。

　　嘉儂相信，她像動物的機器人作品可能對打造一個機器人和人類攜手工作的未來十分重要，機器人和人類共享工作空間時不但安全，而且快樂——她認為那樣的世界會愈來愈普遍。嘉儂說，從前機器人學家和工程師通常「以機器人為中心」，設計的是給機器人工作的空間，而不是機器人和人類共存的空間。反之，嘉儂的目標是促進一種人類和機器人是「同伴物種」的觀點。嘉儂也希望能減輕「機器人會搶走人類工作」的常見憂慮。

新軟體接上Mimus之後，會把機器人從幾乎50年不變的工業設備，變成比較像陪伴者的東西。嘉儂說，Mimus表現得像好奇的小狗。

嘉儂以匹茲堡為基地（那裡是美國自駕車工業的一個樞紐），每天都會見到機器人，但那些機器人就像生產線上的機械手臂一樣，通常無法和人類溝通，只是巍然沉默的存在。

機械按摩師

嘉儂熱中於機器人與人類密切生活、學習與我們溝通，之前「訓練」過一隻工業機械手臂當她的個人按摩師——這麼做很危險，因為強大的機器可以輕易用它們的液壓手臂壓死人類。她用感應器和動作捕捉，訓練機器人安全地幫她按摩背部，如果她往後靠，就揉用力一

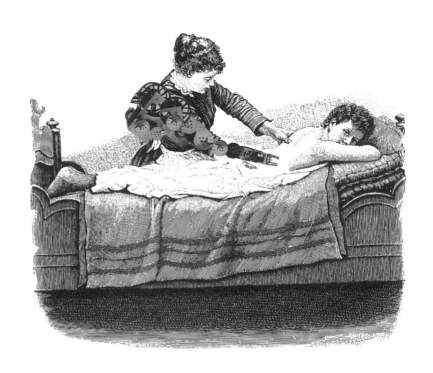

點，如果她往前傾，就揉輕一點。

她希望能利用人類和動物打交道的一些直覺。嘉儂認為，我們可以用「解讀」動物意圖的能力來和機器人互動。此外，嘉儂也覺得危險的機器人就該把外表設計得危險，不危險的機器人，外表就該設計得沒那麼危險。

Manus**的手臂**

繼Mimus之後，嘉儂受到世界經濟論壇（World Economic Forum）委託，製造了一個改版——Manus。Manus的一個透明控制板後有十隻機械手臂，會發光，看起來頗像在工廠環境中的模樣，不過一旦啟動，就會動起來。

深度感應器會讓機器「感知」人類參觀者，十隻手臂平等地共享資訊。人類靠近或遠離裝置時，機器人會好奇地看著它們周圍的人類。

嘉儂說，機器人回應人類觀察者的方式帶有一種編舞的元素，不過機器人的動作並沒有編程，只是感應器追蹤每隻機器人周圍的區域，特別標記出手腳。機器人移動時會發出聲響，加上動作，給人一種「存在感」，讓人能做出反應。

有些機器人經過編程，比較「沒耐性」，所以會比較快對某個參觀者失去興致。有些則經過編程，比較「有自信」，會更靠近人類參觀者。嘉儂認為，這些差異會讓參觀者對機器人產生類似對一群動物的反應。

嘉儂說機器人原本是不需要移動的，因為它們就算是舉起沉重的物件也能不動如山，但像這樣移動能為人類提供一連串連續而低強度的資訊，讓我們「了解」它們，待在它們周圍比較安心。

在嘉儂的未來願景中，機器人不只是工具，也是我們生活中有意義的附加物。機器不會威脅人類勞工，而是加以協助。嘉儂說：「這些機器人讓所有簡單的工作都自動化了，但我們可以用這些工具強化或增益人力。」

2019年

研究者：
瑪麗亞・布拉特（Maria Bualat）

主題領域：
太空機器人學

結論：
「自由飛行」的機器人是人類太空人的幫手

蜜蜂能在
太空裡飛嗎？

太空蜜蜂能如何幫助我們上火星

《星際大戰：曙光乍現》（Star Wars: A New Hope）中，天行者路克（Luke Skywalker）用飄浮的無人機練習光劍，無人機在空中忽高忽低，像有生命一樣閃避著路克的武器。那一幕啟發了NASA為國際太空站打造一群現實中的無人機。這些無人機稱為太空蜜蜂，會「盤旋」在太空站微重力走廊的半空中，寬32公分，每隻重9公斤。NASA的資深機器人學家瑪麗亞・布拉特把自己描述成這些機器人「驕傲的家長」。太空蜜蜂接替了太空站前一代的自由浮動機器人（能力遠比較差）。

布拉特一開始是因為讀到關於太空總署女性工程師的事而受到激勵，決定研究機器人學。她說，設計自動化機器人的亮點之一，是觀察機器人表現時，因為機器人不可預期而產生的好奇：「它為何那麼做？」

太空蜜蜂在太空中進行了史上第一次自由的自動化飛行。NASA的科學家希望那三隻太空蜂（女王、大熊和蜂蜜）能擔起重要角色，幫助人類到達其他星球，親自前往或測試未來任務所用的科技。

機器人夠敏捷，能在太空站裡移動，可能是靠著機器人自己控制，也可能是從地球遙控。NASA希望太空人造訪行星表面時，這些機器人（或類似的機器人）能發揮「照顧者」的功能。飛行中（尤其長途的行星際任務），機器人可以為太空人騰出時間，讓他們專注在科學和其他重要任務上。今日，太空人花許多時間在修理、清點庫存與清潔。一份2006年的研究發現，太空站的太空人每天都要花一個半到兩個小時維護太空站。

蜜蜂勤做工

太空蜜蜂最後可能會接手監督空氣品質、測量聲音等等任務（目前由太空人手動操作），甚至掃瞄太空站設備上的無線射頻辨識標籤（類似商店裡保護衣物的防盜裝置），清點庫存。

太空蜜蜂和《星際大戰》中天行者路克的無人機不同，並未配備前所未有的科技——太空蜜蜂是靠迷你噴嘴來推動。每一隻太空蜜蜂都有兩個推進模組，用旋螺槳吸進空氣，再從12個噴嘴中的任一個噴出，讓太空蜜蜂移動。

目前這種機器是「半自動」的。太空蜜蜂從2019年起就在太空站了，任務早期經常由地面的操作員透過無線電鏈路來操作。不過太空蜜蜂能靠自己在太空站飄來飄去，拍攝影片和照片，傳送給地球的團隊。

太空蜜蜂用視覺來導航，但仰賴現成的地圖，而不是自己研究要去哪裡。太空人用手拿著大熊（太空蜂之一）在日本的實驗艙裡移動（這是太空站最大的一部分），收集影像傳回地球處理，辨識特徵，建立大熊用來導航的地圖。

在第一個自動化任務中，機器蜜蜂離開停泊處，依照一份飛行計畫行動，這份飛行計畫由太空站內的航路點與目標構成，資訊都是地面團隊上傳給機器蜜蜂的。NASA的太空人克里斯蒂娜·科赫（Christina Koch）是六十號探索任務的飛航工程師，她飄浮在太空蜂後方，一方面確保自己不會因為擋到太空蜂的導航攝影機而擾亂它，但主要是為了讓機器自己飛。

獨立工作

機器蜜蜂飛的時候會用上多種感應器，甚至能用機械手臂抓住牆上的桿子，在拍攝時「棲」在桿子上，節省電力。NASA正是希望這樣的獨立能力能讓太空蜂發揮功用。太空蜂不需要太空人花時間充電或拆卸（太空蜂能自己停泊、充電、離開），幾乎可以不需要太空人監督，完成所有的任務。

未來，太空蜂（或類似的機器人）甚至能在太空站外探索。NASA測試過壁虎腳啟發的黏著科技，這科技讓機器人的手臂和腿可以「黏」在牆上，靈活很多。黏性在太空的真空中也不會失效，所以機器人能在太空站外工作，而人類太空人也不必再冒險去太空漫步。

下一代

太空蜜蜂是為了長途旅程而建造的。每一個太空蜜蜂都有三個酬載艙，方便裝載新裝置，所以科學家能「借用」太空蜜蜂，為未來的任務開發新科技。太空蜜蜂停泊充電時，可以安裝新軟體。

布拉特說，長遠來看，太空蜜蜂的角色是為未來任務測試新科技。不過布拉特說，她工作中最有趣的一部分，是想出如何讓機器人變成堪用的人類陪伴者。

太空站的太空人起先擔心飄浮機器人會威脅他們在太空站上僅有的那一點隱私。布拉特和她的團隊確保機器人只會發出「恰到好處」的嗡嗡聲，以免太空人因為寂靜無聲的機器人從背後飄過來而嚇一跳。

AI會占領世界嗎？

ChatGPT如何在一夜之間顛覆科技

2022年

研究者：
山姆·阿特曼（Sam Altman）

主題領域：
生成式人工智慧

結論：
AI發生了大躍進——但這是好是壞呢？

下面的句子是人類寫的，還是人工智慧之作？

「AI會藉著提高製程效率、決策最佳化、促進史無前例的創新，而革新人類生活和許多產業。但我們必須保持警覺，預防工作被取代、道德兩難和不受控的自主。」

就算是在幾年前，這個問題都會顯得荒謬。不過自從人工智慧聊天機器人ChatGPT在2022年11月推出以來，以人工智慧生成內容（例如文字）就引發了全球對「生成式AI」的狂熱。說到AI生成文字，上面的句子正是ChatGPT回應關於AI未來的簡單文字指令而生成的。GPT中的GPT是Generative Pre-trained Transformer的縮寫，意思是生成型預訓練變換模型。ChatGPT會撰寫從報告到歌詞的各種文字，為問題提供近似人類的回答。ChatGPT是大型語言模型GPT-3和GPT-4的網路介面，這些語言模型利用的神經網路模仿人腦結構，以大量的真實世界文字來訓練，預期下一個字應該是什麼，而產生文字。ChatGPT也能撰寫電腦程式。在一場展示中，把一份掃描的手寫指令傳輸給GPT-4，GPT-4就把指令轉成了一個可運作的網站。

全球奇觀

生成式AI掀起的興奮，常被人拿來和90年代初網路之興起相提並論。AI的擁護者預測，不必多久，那樣的機器人就可能重塑我們搜尋網路、彼此互動與網路內容生成的方式。ChatGPT發表沒幾個星期，平均每天就有1300萬使用者，ChatGPT因此成為史上成長最迅速的網路應用程式。ChatGPT的超凡能力不斷撼動著從前教育和資

訊上的舊有事實。ChatGPT能在幾秒內寫出論文，而GPT-4更新版甚至能以90%的成績通過美國律師考試，以及其他幾十種大學程度的資格考。釋出的幾個星期之內，亞馬遜網站上就有整本由ChatGPT撰寫的小說，而一個網紅大肆宣揚說讓AI寫短篇投稿可以迅速致富之後，有一家科幻小說出版社就收到無數AI寫的短篇故事，不堪其擾，不得不暫停徵件。

ChatGPT不是唯一引起騷動的AI模型。2022年還推出了藝術「機器人」，例如Craiyon、Stable Diffusion和OpenAI的DALL-E，用龐大的影像資料庫來產生畫作和照片。其實第169頁的插圖就是Craiyon生成的。不過這些模型已經引發爭議了：有幾個大型訴訟正打算挑戰用人類創作的藝術「餵養」那些AI工具的合法性。

OpenAI在2015年成立時是非營利組織，投資者包括Paypal共同創辦人彼得·提爾（Peter Thiel）和特斯拉執行長伊隆·馬斯克（Elon Musk），承諾捐出10億美元。但OpenAI雖然曾說，不營利的立場能讓公司產生「對人類的正面影響」，卻為了吸引更多投資者而在2019年「轉型」成營利機構（並且向公司員工發放股份）。OpenAI在2023年從微軟那裡得到了100億美元的投資。而谷歌和臉書的母公司Meta分別推出了他們的ChatGPT對手——Bard和Llama。

新契機，新風險

OpenAI的山姆·阿特曼口中的生成式AI是全球有史以來「經濟賦權最大的力

量」。不過阿特曼和一些人警告，那樣的模型可能取代大量的白領工作，例如律師已經在使用大量的語言模型來生成摘要和草稿文件，而各家新聞組織也在實驗AI生成的文章。

不過科技潛力隱含著更重大的風險。ChatGPT之類的機器人能用完美的英語流利對話，專家表示，這項技術預告著詐騙和假消息的新時代，你根本無從分辨網路上的人是不是他們聲稱的那個人。

這些工具的本質是它們並沒有理解問題，只靠「猜測」最可能的回答來產生答案，因此會導致其他問題。所以工具必須小心訓練，並配備「防護措施」，否則就容易給出令人擔憂的建議——像是如何自殘，或怎麼買到未註冊的槍隻。看來困擾著早期「機器人」（例如微軟的泰伊，見第158頁）的問題並沒有完全消失。

模型也會騙人（這個現象稱為「AI幻覺」）。AI為了生成既流暢又有說服力的答案，甚至會捏造事實。有一次谷歌展示Bard軟體時，就看著機器人捏造出一些關於NASA詹姆斯・韋伯太空望遠鏡的事——害得谷歌股價大跌。但這個科技也演化得十分迅速。

類人類的人工智慧之夢即將成真嗎？OpenAI聲稱，明年新的GPT-5也許能通過圖靈測試，成為真正的人工智慧（見第85頁）。

阿特曼說過，OpenAI正在努力研發能像人類一樣思考的AGI（通用人工智慧，Artificial General Intelligence）。他們的使命宣言是：「確保人工生成智慧（這種AI系統通常比人類聰明）對全人類都有助益」。OpenAI也警告，「有濫用、重大意外與社會動盪的嚴重風險」，不過公司表示，「我們不相信社會可以永遠停止這方面的發展，且那也未必是好事」。

以目前AI進展的速度來看，停止發展的可能性似乎很渺茫——神燈精靈幾乎已經出瓶了。

索引

名詞解釋

演算法 (algorithm**)**：電腦操作時遵循的一組指令

分析學 (analytics**)**：找出資料中有意義的模式

人工智慧 (artificial intelligence**)**：機器展現的智慧，而不是人類天生的智慧

通用人工智慧 (artificial general intelligence**)**：一種人工智慧，可以學習或理解人類能學習理解的所有事物

自動機 (automaton**)**：仿效人類的機械裝置

自動駕駛車 (autonomous vehicle**)**：能「自己行駛」、不需要人類介入的車輛

聊天機器人 (chatbot**)**：模仿人類線上聊天的軟體

自由度 (degree of freedom**)**：機器人（或機械手臂）能在不同平面活動的程度

效應器 (effector**)**：附著於機器人肢體上的裝置或工具，讓機器人能完成特定任務

女性人型機器人 (gynoid**)**：外表模仿女性人類設計的機器人

工業機器人 (industrial robot**)**：預編程的機器「手臂」，設計來移動部件、工具或材料

階層控制系統 (layered control system**)**：一種控制系統，複雜控制是「分層」設置在簡單控制系統之上

機械臂 (manipulator**)**：能抓握或撿起物體的機器「手」

機關人偶 (karakuri doll**)**：用發條製作的日本人偶，能做出人類般的動作，例如喝茶

機器學習 (machine learning**)**：不用遵循特定指令、能「學習」與適應的電腦系統

自然語言 (natural language**)**：軟體了解（或可以溝通）的是平常的口語，而不是指令

類神經網路 (neural network**)**：大致以人腦結構為原型的電腦網路

群集機器人學 (swarm robotics**)**：大量的簡單小型機器人合力作業

機器人三法則 (Three Laws of Robotics**)**：阻止機器人傷害人類主人的法則，由科幻作家以撒·艾西莫夫所創

圖靈測試 (Turing Test**)**：一種邏輯測試，用來判斷和你對話的人是機器人還是人類。由英國科學家艾倫·圖靈提出

參考資料

第一章

Aristotle, *Politics* (Translated by Benjamin Jowett) (Oxford, Oxford University Press, 1920)

Homer, *The Iliad* (Translated by Barbara Graziosi) (Oxford, Oxford University Press, 2011)

Hero of Alexandria, *Pneumatics* (Translated by Bennet Woodcroft) (London, Charles Whittingham, 1861)

Freeth, Tony et al, "A Model of the Cosmos in the ancient Greek Antikythera Mechanism," *Scientific Reports*, 2021

Banu Musa Ibn Shakir *The Book of Ingenious Devices* (Translated by Donald R Hill) (D Reidel Publishing Company, Boston, 1979)

Karr, Suzanne *Constructions Both Sacred and Profane* (Yale University Library Gazette, 2004)

Hendry, Joy *Japan at Play* (London, Routledge, 2002)

第二章

Tull, Jethro, *Horse-hoeing Husbandry Or, An Essay on the Principles of Vegetation and Tillage. Designed to Introduce a New Method of Culture* (A Millar, 2007)

Bayes, Thomas, "Essay Towards Solving a Problem in the Doctrine of Chances" (Royal Society, 1763)

De Fortis, Francois-Marie, "Eloge Historique de Jacquard" (Creative Media Partners, 2018)

Meabrea, Luigi Frederico, Lovelace, Ada, "Sketch of the Analytical Engine invented by Charles Babbage ... with notes by the translator" (1843, digitised 2016)

Hoe, Robert, *A Short History of the Printing Press* (Wentworth Press, 2021)

Tesla, Nikola, "Method of and Apparatus for Controlling Mechanism of Moving Vessels or Vehicles," U.S. Patent US613809A

第三章

Čapek, Karel, *R.U.R.* (Rossum's Universal Robots) (Translated by Claudia Novack) (London, Penguin, 2004)

The New York Times, "Houdini Subpoenaed Waiting to Broadcast; Magician Must Appear in Court on Charge That He Was Disorderly in Plaintiff's Office," July 23, 1925

Popular Science Monthly, "Machines That Think" (January 1928)

Von Harbou, Thea, *Metropolis* (New York, Dover, 2015)

The New York Times, "Brigitte Helm, 88, Cool Star of Fritz Lang's Metropolis," 1996

Pollard, Willard V., "Position Controlling Apparatus," US Patent B05B13/0452

Moran, Michael, "Evolution of Robotic Arms," *Journal of Robotic Surgery* (2007)

Zuse, Konrad *The Computer: My Life* (Berlin, Springer Science & Business Media, 2013)

Leslie, David, "Isaac Asimov: centenary of the great explainer," *Nature* (2020)

Berkeley, Edmund, *Giant Brains, or Machines That Think* (New Jersey, Wiley, 1949)

第四章

Koerner, Brendan, "How the World's First Computer Was Rescued From the Scrap Heap," *Wired* (2014)

Turing, Alan, "Computing Machinery and Intelligence," *Mind* (1950)

Bernstein, Jeremy, "Marvin Minsky's Vision of the Future," *The New Yorker* (1981)

McCarthy, Joseph, "A Proposal For The Dartmouth Summer Research Project on Artificial Intelligence," Dartmouth (1955)

Malone, Bob, "George Devol: A Life Devoted to Invention, and Robots," *IEEE Spectrum* (2011)

Markoff, John, "Nils Nilsson, 86, Dies; Scientist Helped Robots Find Their Way," *The New York Times* (2019)

第五章

McCutcheon, Stacey Paris, "Neurosurgeon John Adler is a reluctant entrepreneur,' Stanford News (2018)

Matarić, Maja J. The Robotics Primer (Cambridge, Massachusetts, MIT Press, 2007)

Cheshire, Tom, "How Cynthia Breazeal is teaching robots how to be human,' Wired (2011)

"A Brief History of RoboCup,' RoboCup.org

Thomson, Elizabeth, "RoboTuna is first of new "genetic' line,' 1994, news.mit.edu

Anderson, Mark Robert, "Twenty years on from Deep Blue vs Kasparov: how a chess match started the big data revolution,' The Conversation (2017)

第六章

"Sony Launches Four-Legged Entertainment Robot "AIBO" Creates a New Market for Robot-Based Entertainment,' Sony Corporation (1999)

Ackerman, Evan, "Honda Halts ASIMO Development in Favor of More Useful Humanoid Robots,' IEEE Spectrum (2018)

"MQ-9A "Reaper" Persistent Multi-Mission ISR,' General Atomics

Rose, Gideon, "She, Robot: A Conversation with Helen Greiner,' Foreign Affairs (2015)

"NASA's Record-Setting Opportunity Rover Mission on Mars Comes to End,' NASA.gov

Chandler, David, "MIT finishes fourth in DARPA challenge for robotic vehicles', new.mit.edu

Thrun, Sebastian, "Stanley: The Robot that won the DARPA Grand Challenge,' Journal of Field Robotics (Wiley Periodicals, New Jersey, 2006)

"What's HAL: The World's First Wearable Cyborg,' Cyberdyne.jp

"Robonaut 2 Technology Suite Offers Opportunities in Vast Range of Industries,' NASA.gov

第七章

Design Museum, "Q and A with Madeleine Gannon,' designmuseum.org

"Police Robots Are Not a Selfie Opportunity, They're a Privacy Disaster Waiting to Happen,' Electronic Frontier Foundation

Metz, Cade, "What the AI Behind AlphaGo Can Teach Us About Being Human,' Wired.com

"AlphaGo: the Story so Far,' deepmind.com

Schwartz, Oscar, "In 2016, Microsoft's Racist Chatbot Revealed the Dangers of Online Conversation,' IEEE Spectrum (2019)

Reynolds, Emily, "The agony of Sophia, the world's first robot citizen condemned to a lifeless career in marketing,' Wired.com, 2018

"NASA's Astrobee Team Teleworks, Runs Robot in Space,' NASA.gov